云南艺术特色建筑物集锦

ARTISTIC FEATURES OF THE BUILDING STRUCTURES HIGHLIGHTS

云南省住房和城乡建设厅 编

上册

云南出版集团公司

云南美术出版社

编辑委员会

总策划： 叶建成　云南省住房和城乡建设厅党组书记

编委会主任： 罗应光　云南省住房和城乡建设厅厅长

编委会副主任： 郭五代　云南省住房和城乡建设厅副厅长

韩先成　云南省住房和城乡建设厅总规划师

编委会委员

刘 学　云南省住房和城乡建设厅规划处处长

赵智捷　云南省住房和城乡建设厅勘察设计处处长

刘永丽　云南省住房和城乡建设厅村镇处处长

陈光瑜　云南省住房和城乡建设厅建筑管理处处长

韩忠庆　云南省住房和城乡建设厅抗震防震处处长

张 辉　云南省城乡规划设计研究院院长

张晓洪　云南省城乡规划设计研究院书记、技术委员会主任

朱 青　云南省城乡规划设计研究院总建筑师

刘毓新　昆明市建设局局长

殷永坤　曲靖市建设局局长

朱映辉　玉溪市建设局局长

董和春　保山市建设局局长

禄 松　昭通市建设局局长

张存正　丽江市建设局局长

胡剑荣　普洱市建设局局长

李明奎　临沧地区建设局局长

陈 强　红河州建设局局长

崔云青　西双版纳州建设局局长

王 斌　楚雄州建设局局长

沈易清　大理州建设局局长

杨晓平　德宏州建设局局长

李志红　怒江州建设局局长

杨正义　迪庆州建设局局长

执行主编

韩先成　朱 青

技术编辑

韩先成　张 辉　张晓洪　朱 青　刘永根　丛晓飞　胡海鹏

韩 韬　古 青　刘梦娇　蒋 慧　张翔宇　胡圆圆　朱长友

张 琪　刘 屏　李 红　林志强　颜 林　马俊林　郭志红

　　在云南城乡建设方面，从不同角度出书众多。但从艺术特色角度，就建筑物、构筑物进行遴选、编辑出版本书尚属首次。

　　明清以来，云南本土的建筑物、构筑物形式多样，风格各异。建国以后，特别是改革开放以来，其建筑物、构筑物受到外来建筑形式地冲击，且已出现文化侵略现象，有的已无艺术可言。这不得不引起我们的重视。出版此书，历时一年有多。分传统、现代、新民居三大类，以州、市为单元结集。旨在延续历史文脉，创作新的建筑作品，庶几对云南社会各界尤其是建筑业界起到一定的帮助作用。

　　有先贤说："建筑是凝固的诗"，以诗比喻建筑之美，仅从声律而言，其内涵只能意会。也有海外的先哲说："建筑是凝固的音乐"，以音乐比喻建筑，那也仅就弦律而比，充其量只能就高低错落加以想象。建筑艺术焉能用"诗"、"音乐"比喻其完全。我从事建筑业数十年，发现她是三维空间的立体造型，囊括绘画、书法、陶艺、漆艺、木雕、砖雕、石雕及工艺美术等诸多内容。建筑是个综合艺术库。我由衷希望建筑业界的同仁，为了建设好美丽的云南，从建筑艺术特色入手，去营造我们的美丽城镇和乡村。

　　半亩方塘一鉴开，唯希创作源此来。希望社会各界，特别是建筑业界的设计师们从此书中获得一些启迪和灵感，创作出更多具有云南本土艺术特色的现代建筑吧。

叶建成

2010年5月25日

序二

我在省级机关、州市县工作了20余年。足履云南各地，遍及城镇村落。深感其文化渊源深厚，民族风情浓郁，令我心灵震撼、难以言表。当我莅身村寨，与乡亲促膝交谈之际，极感其民族文脉深远。目睹其建筑依山就势、面水抱阳、昂首瞻天之时，又感其民间木作工匠之巧夺天工、驰想开物的精湛技艺。与此同时，我又看到许多州市、乡镇乃至村庄建筑形式日益雷同，风格特色每况愈下，建筑艺术面临蜕变之危险。自改革开放以来，建筑设计走向市场化，建筑设计师们似已淡忘了"创作"之情愫，热衷于复制、照搬，更有甚者，建筑设计趋于流水作业，此乃我建筑行业之一大悲哀。为了挽救云南本土建筑艺术，振兴建筑设计，繁荣创作，丰富城镇、村落的立体景观，编辑出版《云南艺术特色建筑集锦》一书，綦有必要。

建筑物也好，构筑物也罢，均属劳动人民创造的文化产物。故现在很多说教者，每每冠以建筑文化，口若悬河，心共口敌其目前之建筑式样的雷同，风格的缺失。其实，建筑的第一功能是解决遮风、避雨、御寒的要求，功其能用。其次才是追求美观，满足功能需求。此仅属劳动创造的物资财富，充其量，只属文化中的一份子。美观才是艺术的使动作用。显然，艺术是文化的结晶。故该书立足"艺术"建筑的编辑。

艺术的东西不见得都美。芸芸众生，众口难调。从心理学角度来看，美与情感有关。故美学的标准讲的是共同美，此书追求的即是共同美。故此书又突出"特色"二字予以编辑。

该书分传统类的原创，传统类的恢复重建与现代篇，新民居。涉及有寺、庙、观、楼、坊、府、宫、馆、塔、桥；酒店、办公楼、学院、会堂、校区、行政办公区；小镇、居住小区、村落、航站楼、客运站、图书馆、博物馆及体育场等建筑。琳琅满目，应有尽有。

现代篇及新民居，均是根据本土建筑艺术元素创作出的现代建筑，但也有异类，在建筑艺术天地里，适当遴选些异国的建筑艺术，也不失为好事。它本身历史只有一百多年，岂能拒之！

耗时一年有多编辑出版此书，旨在对我省建筑设计者、城乡规划者、建筑施工者、城乡建设管理者有所帮助。为繁荣创作出更多具有云南建筑艺术元素的现代建筑，为丰富云南城市、乡镇乃至村寨的立体景观发挥作用。衷心希望城乡建设者、管理者、规划设计者，以此获得创作的源泉，另创佳作！

罗应光

2010年5月25日

目 录

云南陆军讲武堂 ················· 6

昆明金马碧鸡坊 ················· 12

昆明真庆观 ····················· 16

昆明滇池温泉花园酒店 ··········· 24

老昆明商业街 ··················· 28

'99世博会——中国馆 ············ 36

云南海埂会堂 ··················· 38

云南省政协办公楼 ··············· 47

昆明震庄迎宾馆 ················· 52

云南中医学院呈贡校区 ··········· 59

昆明市行政中心（呈贡） ········· 65

昆明永宁清真寺 ················· 73

昆明市博物馆 ··················· 77

昆明野鸭湖假日小镇 ············· 83

丽江木府 ······················· 91

丽江滇西明珠 ··················· 104

丽江客运站 ····················· 110

云南大学旅游文化学院（丽江） ····· 114

丽江市玉龙县行政中心 ··········· 121

丽江悦榕酒店 ··················· 126

普洱市孟连宣抚司署 ············· 137

沧源广允缅寺 ··················· 143

沧源佤族翁丁村 ················· 149

耿马傣族新民居 ················· 159

沧源佤族新民居 ················· 163

红河州建水古建筑——朝阳楼 ····· 167

红河州建水古建筑——学证考棚 ··· 171

红河州建水古建筑——文庙 ······· 173

红河州建水古建筑——纳楼长官司署 ··· 177

红河州建水古建筑——双龙桥 ····· 179

红河州建水古建筑——文笔塔 ····· 183

红河州建水古建筑——乡会桥 ····· 185

红河州建水古建筑——朱家花园 ··· 187

红河州个旧沙甸大清真寺 ········· 191

红河州石屏县"文献楼" ········· 195

红河州石屏县州衙老街 ··········· 198

个旧和田娱乐城 ················· 206

阿庐古洞洞外景区 ··············· 210

结束语 ························· 220

云南陆军讲武堂

项目名称 云南陆军讲武堂
提供单位 云南省城乡规划设计研究院
占地面积 1390平方米
建筑面积 7611平方米
建设时间 1909年
工程地点 昆明市

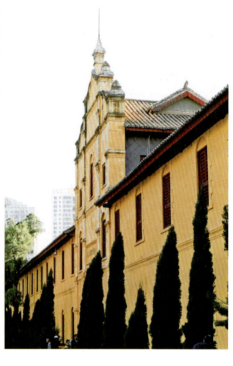

云南陆军讲武堂位于昆明城中心、翠湖公园西岸，是我国创办较早的近代新式军事学校之一，始建于1909年8月。共办学19期，1928年结束。培养了一大批军事人才。讲武堂也是传播民主革命思想的重要据点，在辛亥"重九"起义和护国战役中都起了重要作用。共和国开国元勋朱德元帅、叶剑英元帅都曾在此学习生活过。于1988年被列为国家级重点文物保护单位。

1	2	3

讲武堂大门
讲武堂中西合璧的屋顶与门楼
讲武堂东楼正面门楼

　　讲武堂现存建筑为一幢二层楼中西合璧米黄色的合院建筑，平面呈正方形，东、西、南、北四楼各长约120米，宽10米，对称衔接，浑然一体，四角有拱形门洞可出入，是中国传统的走马转角楼式建筑。南、北楼为学生宿舍，西楼为教室，东楼为校部办公处，各楼间有拱形门道相连通，南楼中部突起为阅操楼。

　　东楼正面中部高耸的片墙式门楼为欧洲十九世纪折衷主义建筑风格，两翼简洁墙身上的双坡瓦屋面为中国传统的建筑形式，二者相得益彰，协调融洽。

　　东楼背面中部阅操楼屋顶为中国传统歇山瓦顶，与西式的壁柱、弥拱、窗套混合使用，在视觉及比例上达到了和谐统一。

1	2	3	5
	4		

讲武堂东楼背面
中式屋檐与西式窗套
中西合璧的壁柱
西式门楼
南楼检阅台

按中国传统呈方形布置的走马楼式建筑，各楼间设通廊相互连接，楼端各设拱券门一道，建筑占地面积1390平方米，中西合璧的券门历经百年风雨。

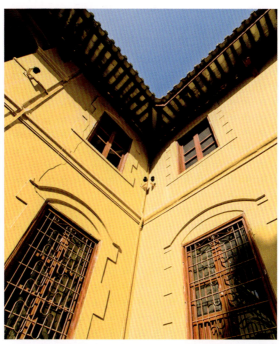

比例均衡的三段式墙身
正门顶部
西式窗套
西式门洞
中西合璧的阅操楼

南楼中部设有高约15米、宽13米的阅操楼，楼前为操场，主楼西南尚存大课堂（礼堂）和兵器库一幢，中西合璧的建筑显现了讲武堂当年的雄宏气魄。

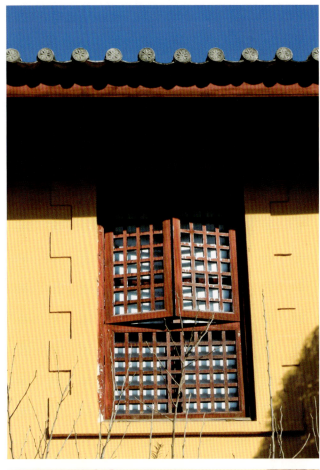

昆明金马碧鸡坊

项目名称 昆明金马碧鸡坊
提供单位 云南省城乡规划
　　　　　　设计研究院
重建时间 1998年
工程地点 昆明市

　　始建于明代宣德年间的金马碧鸡坊是昆明城内著名的人文景观，位于昆明古城中轴线南端，飞檐翘角的门楼式牌坊有着"金碧交辉"的奇景。在特定年份的中秋这一天傍晚时分，太阳西沉，余辉照着碧鸡坊的倒影向东移动，东升的月光照着金马坊的倒影向西移动，两坊倒影渐移渐近，最终交汇在一起。

　　1998年再次按原风格重建的金马碧鸡坊位于昆明市传统中轴线的三市街与金碧路交叉口（原址上）。钟秀俊朗、势欲腾飞的两坊，雕梁画栋，精美绝伦，具有昆明民俗特色。东坊因临金马山得名为金马坊，西坊靠碧鸡山而名为碧鸡坊。

碧鸡坊全景
碧鸡坊夜景
金马坊全景
金马坊局部

两坊北与纪念赛典赤的"忠爱坊"呈"品"字形排列，合称"品字三坊"，成为昆明闹市胜景，南与建于南诏的东西寺塔相映，彰显了昆明古老的文明。

金马坊和碧鸡坊同为四柱三开间三屋面歇山式的牌楼建筑，屋顶为黄色琉璃瓦，由斗拱梁架撑托。牌楼前后有各种绚丽多姿的彩画，全都沥粉贴金，在阳光下辉煌耀眼。

額枋上的楼匾分别书写着贴金箔的四个大字"金马"、"碧鸡",四字笔力遒劲。金马坊高13.95米,宽18.6米,侧楼高11米,整个牌楼由直径为0.56米的四根柱子支撑。两中柱的须弥座上面有汉白玉浮雕,镂凿精美。中门高6.4米,宽6.38米,上方为"八龙争宝"镂空浮雕门罩。金马两个大字下面的门枋为双凤朝阳图案。两边侧门高4.6米,宽4.3米,上下枋分别饰有云龙遨空和丹凤朝阳的图案。

昆明真庆观

项目名称 昆明真庆观
提供单位 云南省城乡规划设计
研究院
用地面积 9800平方米
重建时间 2001年10月
竣工时间 2003年4月9日
工程地点 昆明市

1	2

火神殿
老君殿

真庆观位于昆明市中心，原名真武祠，核心建筑由前殿、紫微殿、老君殿、都雷府、火神殿等组成，建筑在同一轴线，为五进三院四合式建筑群，占地面积9800平方米。始建于元代，明洪熙元年(1425年)更名为真庆观，为昆明古城道教圣地。50年代被工厂、居民占用，其建筑布局、风貌遭到破坏。2003年政府投巨资进行修复，修复后的真庆观作为明清古建筑群，2006年被列为全国重点文物保护单位。

老君殿是真庆观主要古建筑之一，虽经多次重修，仍保留了元代的建筑风格。其殿占地320平方米，坐北朝南，单檐歇山顶，覆以黄色琉璃，正脊中置宝顶，两端上翘置鸱吻，翼角岔脊飞檐起翘，置走兽。面阔五间，辅以石栏望柱，气象庄严。

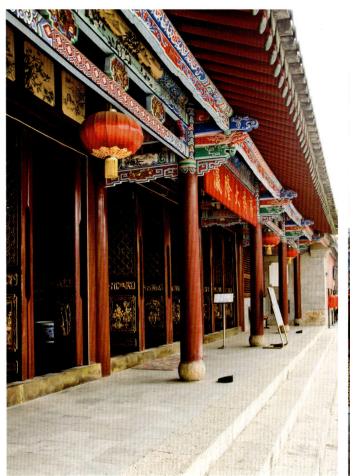

1	2		5	6
	3			
4				

建筑与环境
建筑屋檐
真庆观入口
紫微殿
屋檐精细的雕花
建筑细部

　　紫微殿面阔五间，木结构建筑，单檐歇山顶，戗脊上置走兽，殿内中顶置有藻井，井顶绘有八卦太极图案，周围饰以精美的彩画图案，颜色多以黄、青、绿、蓝、白搭配，匀称精巧，斗拱、梁柱、花枋雀替彩画精美绝伦。

| 1 | 3 | 4 |
| 2 | | |

都雷府内院
都雷府后门楣
都雷府前门楣
双层飞檐

　　都雷府位于紫微殿东侧，大门为单檐，四角翘起，斗拱承载，门楣前题"都雷府"，后题"万古神风"。大门内有一方亭，飞檐斗拱、雕梁画栋，名为"清风亭"。亭后为"雷神殿"，面阔三间，坐东朝西，单檐歇山顶，殿前以雕花石栏围护，殿侧有一古井，名八卦井，水甘冽。

真庆观古建筑群囊括了从明代和清代早、中、晚期的建筑，是云南建筑发展史的实物例证，亦是宗教文化、艺术发展的实物载体，有极高的原状保护和研究价值。

真庆观古建群落较好地保存了当时昆明地区建筑结构特征，各建筑构件雕刻精美细致，外檐彩绘部分贴金，工艺档次较高，也较完整地保留了精美的地方风格彩绘。

1 2 3 4

彩色花坊
紫微殿中的藻井
精美藻井
清风亭

都雷府以北为盐隆祠，光绪7年（1881年）由云南盐商集资兴建，明末清初盐行设在此处。盐隆祠由戏台、中殿、大殿等组成。大殿为重檐歇山顶，面阔三间，进深两间，楼上有走廊花厅，刻有二十四孝图，石栏浮雕，栩栩如生。

昆明滇池温泉花园酒店

项目名称　昆明滇池温泉花园酒店
设计单位　云南省建筑设计研究院
占地面积　6.67万平方米
建筑面积　2.54万平方米
建设时间　1998年
工程地点　昆明市

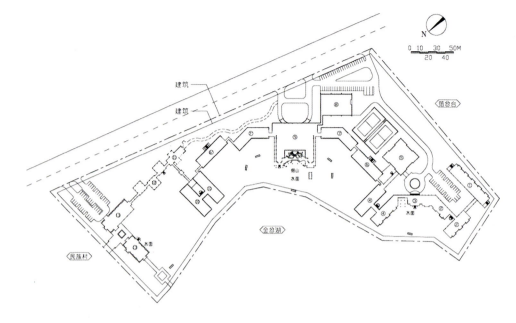

昆明滇池温泉花园酒店位于昆明滇池国家旅游度假区内，坐落于西山之麓、滇池之滨、金鱼湖畔，与云南民族村隔湖相望。

建筑采用分散式庭院布置手法，沿金鱼湖自由展开。建筑结合地形，布局灵活、体量分散、造型轻巧。酒店大堂充分利用地形高差，把室外景观引入大堂，使室内外空间相互渗透、融为一体。通透的外廊使建筑更显轻盈的同时，又保证了200间客房均有良好的景观。

昆明滇池温泉花园酒店建筑造型轻盈灵动，体现了传统与现代的完美结合，与周边环境融为一体。

老昆明商业街

项目名称　老昆明商业街
设计单位　昆明官房建筑设计有限公司
用地面积　27538.05平方米（41.307亩）
建筑面积　17009.20平方米
建设时间　2006年
工程地点　昆明市

昆明官房建筑设计有限公司

昆明庄环故城旅游开发有限公司

老昆明商业街规划设计

技术经济指标		
总用地面积：		27538.05M²
总建筑面积：		17009.2M²
其中	特色经营合院：	9828.3M²
	普通零售店：	5020.2M²
	旅游客栈：	1650.5M²
	非营业面积：	510.2M²
建筑密度：		35%
容积率：		0.62
绿地率：		34%

规划总平面图

"老昆明"项目整个净用地南北宽60米至100米，东西长约300米，共41.307亩。依偎在西山"睡美人"裙边，与秀丽婉柔的滇池碧波相伴，使之成为昆明旅游与休闲的新亮点。建筑与山水和谐，历史与现实共生，传统与现代交融，以历史风貌重现昆明故城。

  "老昆明"背靠云南民族村，以汉民族文化为特色背景，通过老昆明的民居、石板路、茶馆、灯会、小吃摊、鲜花店等，营造老昆明日中为市、小街小巷的市井文化。

  "老昆明"建筑形式按照昆明民居最为典型的"一颗印"形式建设，临街为连排式的二至三层砖木结构斜屋面灰瓦建筑，临街一面为商铺，后为四合天井，再现了"集市街巷院天井"的前商后住的传统民居形式。"老昆明"中的"状元楼"、"大理国古幢"、"德胜广场"、"祥云广场"、"丹霞广场"、"同仁街"等根据原样进行建设，再现了昆明城市的历史风貌和文化特色。

　　"老昆明"建筑以成组成院落的空间为主，其尺度适合各种商业形态的组合，让人真正感受到老昆明生活的悠闲自在，人与人之间的亲情和信任。前后进院的空间可以用做前店后作坊的玉石、银器、木器加工等产业，不影响沿街的形象，也为客人进一步参观提供空间，增加交流的机会。

1			5
2	3	4	

街市小景
老昆明的民居
门洞
状元楼
老昆明民居后院

"老昆明"单体建筑多为二层，立面及细部设计尽量保持老昆明的原汁原味。但为适应商业运作的要求，有的地方设计为较为通透或是顶部采光，其前提是不影响旧时的味道。如沿街铺面的底层则多敞开布置，门面用大玻璃的透明构造，以吸引游人，形成内外视觉的交流。门和门框仍用古典形式，可嵌入玻璃之中，达到形异而神似的效果；大进深的建筑（超过15M）顶部用玻璃顶，主体框架结构采用钢筋混凝土，挑檐、垂花、门楣、封檐板等细部构造都用木构制作，屋面瓦、瓦当等按昆明传统制作方式和尺寸定制。

1	2	4	前店后居的老昆明民居
			街景实景
	3		二层高的民居
			小街

老昆明合院建筑
依水而建民居
小巷
"一颗印"新民居
广场上的状元楼
毗邻的屋顶
石板路

’99世博会——中国馆

项目名称 ’99世博会中国馆
设计单位 云南省设计院
占地面积 33000平方米
建筑面积 19927平方米
建设时间 1999年
工程地点 昆明市

　　’99世博会主题建筑之一的中国馆采用多展览单元分散围合的布局形式，以主展厅为中心，建筑与院落依中轴线左右均衡布置，连接各展厅的走廊依据地形的变化而伸缩，在规整的秩序感中融合了中国园林自由灵活的布局特色。围绕主展厅布置的七个展厅间形成了三个庭院，分别展现了江南庭园、北方庭园、大理庭园的园艺风采。

粉墙、白脊、灰绿色屋顶的中国馆高低错落、主次有序、大小相间，造型丰富多样又统一协调。在传统四坡水屋顶的基础上采用减法将方锥顶部削去，顶部镂空的屋脊空架，在打破了传统屋顶的沉重感的同时，也给室内空间带来了良好的通风采光。

中国馆建筑立面采用虚实对比的手法，连廊、吊柱与方窗相间，建筑极富韵律感。主展厅正面四根顶部有雀替的圆柱和红色的门套流露出浓厚的中国味，建筑转角处架空外露的方柱，隐喻着云南干栏式民居的建筑特点。

云南海埂会堂

项目名称 云南海埂会堂
设计单位 云南省设计院
用地面积 261亩
建筑面积 73365平方米
建设时间 2007年
工程地点 昆明滇池国家旅游
度假区

1	2
3	

会堂正面
会堂夜景
会堂正面全景

　　海埂会堂位于昆明滇池国家旅游度假区海埂大堤之畔，毗邻西山滇池，拥有得天独厚的自然环境。会堂有数十个大小会议厅，是云南省政府的大型会议中心，是西南对外交流的国际会议中心。现代化风格的中式建筑，恢宏气派，建筑与自然完美融合，成为滇池之畔的一颗明珠。

　　海埂会堂整体形象稳重而不失飘逸，细部处理简约而不乏精致，主入口的柱廊作为建筑形象的焦点，十八根挺拔的圆柱在丰富了建筑的层次感同时，象征着各级政府团结一致，奋发向上的精神风貌。迎向城市干道的前广场和大台阶成为通向公众的舞台，体现了会堂作为公共建筑的开放性，隐喻着其所承担的社会责任。

　　主体建筑以质朴纯净的雕塑及体量感，表达出会堂的高雅品质，延续上升的弧形屋面板为传统坡屋顶的提炼，体现了现代建筑中的传统文化内涵。晶莹通透的落地玻璃门窗与厚重的石材墙面刚柔相济、宁静优雅，加强了建筑的艺术表现力。

　　海埂会堂设有会议、酒店、餐饮、宴会、康体等多项功能，各项基础设施充分满足接待、会议以及旅游度假的需要，做到规模适宜、分区明确、功能齐全、实用方便。海埂会堂建筑形态具有现代气息，注重环境营造，实现人与自然和谐交融。注重地方文化特点发掘，延续历史文脉，充分考虑滇池度假区的规划要求，使空间景观和主体建筑融为一体。

1	2

会堂侧面
会堂侧面入口

1	
2	4
3	

大会堂仙合景
大会堂后部
大会堂正面
大会堂侧面
休息厅

1

2 3

会堂内庭院
七彩云的装饰图案
休息室

云南省政协办公楼

项目名称 云南省政协办公楼
设计单位 云南省设计院
用地面积 105亩
建筑面积 2.2万平方米
建设时间 2009年
工程地点 昆明市

云南省政协办公楼位于昆明市滇池路与广福路交叉口，主要功能为省政协机关及各部门委员会的办公用房，办公楼沿广福路成"凵"字形布局，左右对称形成均衡完整的建筑形象。向外延伸的弧廊入口，使建筑空间与城市空间相互融合，体现了政协以民为本的亲民形象。

　　省政协办公楼中挺拔有力的竖向条窗和融合了中国传统屋顶的四坡屋面给人沉稳大气、厚重质朴视觉感，充分体现了办公建筑的庄严感。延伸的屋脊及屋檐下弧形极其韵律感的退檐是对传统屋檐下"椽"的现代演绎。

　　建筑外墙采用了云南红砂石的色彩和质感，赋予建筑体量感、雕刻感。以云南民族文化为题材的入口弧廊，使建筑具有浓郁地方特色。

中国人民政治协商会议云南省委员会

昆明震庄迎宾馆

项目名称 昆明震庄迎宾馆
提供单位 云南省城乡规划设计研究院
占地面积 138亩
建筑面积 34117平方米
始建时间 1936年
工程地点 昆明市

1	4
2	3

震庄宾馆正门
震庄宾馆侧门
震庄宾馆外墙
震庄宾馆内景

昆明市震庄迎宾馆，是云南省政府接待国家元首和重要贵宾的接待场所。

震庄迎宾馆始建于1936年，前身为民国时期云南省主席龙云先生公馆，特殊历史背景赋予它深厚的文化底蕴，馆内自然、人文景观相得益彰。

震庄整个建筑既有中国古典园林的风貌，又有欧式建筑格调。它由内外两院组成，由一道中式门坊将两院自然分开。外院由7栋中式小楼、水上石枋、亭榭等组成；内院由一组法式建筑别墅群和一组新建筑组成，由一座石拱桥与外院连结。

　　中式建筑中，向上翘起的屋檐，形成优
美的曲线，舒展如鸟翼。翘角的设计不仅增
加了房屋的采光面，同时有利于排水。

<table>
<tr><td>1</td><td colspan="2">2</td></tr>
<tr><td></td><td>3</td><td>4</td></tr>
</table>

震庄中式建筑
震庄中式大门
震庄中式大门细部
震庄大门门枋

连结内外院的单层歇山顶的门枋，为现代建筑材料与传统建筑艺术的完美结合。

端正的建筑，用简洁的手法，反应出了建筑庄严、大气的风格。白墙、红柱、琉璃瓦，式样丰富的彩绘，尽显建筑的庄严、富丽、气势磅礴。

中式建筑中，门窗、隔扇是分隔室内外空间的间隔物，其装饰性较强，也较易体现地域文化的内涵。门窗以其各种形象、花纹、色彩增强了建筑物立面的艺术效果。

　　建筑彩绘是中国传统建筑的重要组成部分，是我国特有的建筑装饰艺术，它具有保护建筑木构件的作用。现代中式建筑中，彩绘的技术更加成熟，对建筑具有很好的装饰作用，凸显了建筑的富丽堂皇，使得建筑细部显得更加绚丽多彩。

　　震庄中的欧式建筑造型简洁，用简洁的线条勾勒出建筑丰富的外轮廓线，保留至今的乾楼为典型的法式建筑，白色的罗马石柱、宝瓶栏杆、山花线条等建构件，呈显了建筑的精美，为当年龙云的住所。新建的坤楼为两层现代欧式建筑，红瓦白墙、灰色的窗框线条和尺度协调的几何构图简洁明快。

风格显著的欧式柱子，四个侧面都有涡卷形装饰纹样，并围有两排叶饰，特别追求精细匀称，显得非常华丽纤巧。柱头是用毛茛叶（Acanthus）作装饰，形似盛满花草的花篮。

云南中医学院呈贡校区

项目名称 云南中医学院呈贡校区

设计单位 昆明理工大学设计研究院和云南省设计院

用地面积 105亩

建筑面积 117811平方米

建设时间 2007年

工程地点 昆明·呈贡

云南中医学院呈贡校区位于呈贡新城中的雨花片区，结合学院的教学特点采用单元组合的方式，强化建筑组合的系列感、层次感，通过中庭、内院、连廊将不同的建筑单元串联在一起，形成了大小各异的学习空间。

校园通过建筑单体、建筑群之间的相互衬托、协调统一，形成空间层次丰富、景观典雅、师生交流氛围浓郁的教学实验区和生活区。各楼群以轴线关系展开来布置，因此在形态上求得相对均衡的体量感和形式美感，通过院落、内廊、中庭、平台和建筑布局的穿插、呼应，形成空间丰富、视线连续、高低起伏、造型别致的建筑群体，力求体现中国医学的博大精深和整体协调、融合的思想。

　　建筑造型庄重、典雅、朴素，体现出中医学院独有的校园文化和人文气息，采用"蓝天—青瓦—灰墙—绿地"的色调搭配，注重在细部情节上借鉴中式传统建筑元素加以提炼，以此表达中医文化作为中国传统文化精髓的重要组成部分，更加突出建筑深厚的历史底蕴和内涵。

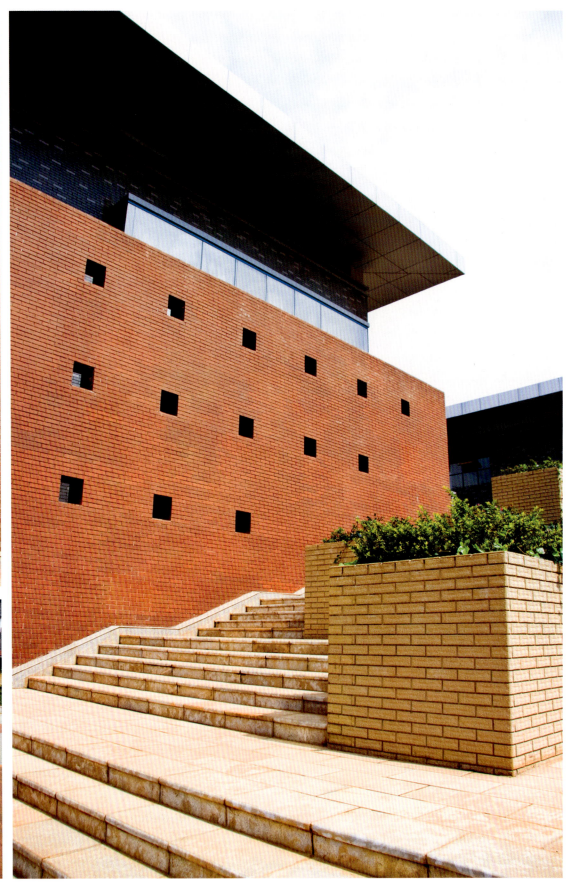

昆明市行政中心（呈贡）

项目名称 昆明市行政中心（呈贡）
设计单位 云南省设计院和北京市建筑设计院
占地面积 965亩
建筑面积 412600平方米
建设时间 2007年
工程地点 昆明市呈贡新区

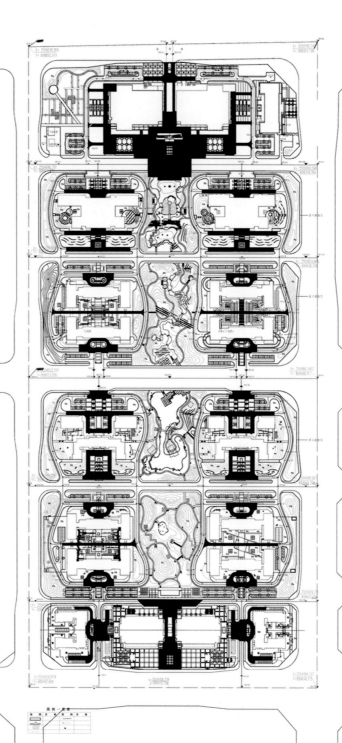

总平面图

昆明市行政中心位于昆明市呈贡新城内，南面紧邻连接滇池与小尖山之间的城市中心绿化走廊，北靠新潭路。

行政中心的整体布局以南北向三条绿化带划分与之平行的三条建筑空间，形成"三轴三绿"的模式。建筑布局采取组团方式，共有12个组团，东面布置市委（1组团）、人大（2组团）、7组团、9组团、11组团；西面布置市政府（3组团）、政协（4组团）、6组团、8组团、10组团；北面为会议中心（12组团）；南面为便民服务中心（5组团）；职能相近的机关安排在一个组团内。

组团与组团间有便捷的交通联系。便民服务中心与会议中心作为标志建筑设置于中轴线上，一前一后，各设置了市民广场，充分表达了行政中心"为民服务"这一主题思想。

1	2
3	4

行政办公楼中景
行政办公楼（2、3、4）

　　尊重修详规划中对建筑的"现代中式"的定位，建筑采用25°坡顶造型，各组团造型上采用"三叠涩"，保证建筑的礼仪性。檐口部配以斗拱装饰，立面构造上采用"中式三段法"划分为"基座层"、"柱廊层"和"屋顶层"。堆台的存在不仅满足竖向设计的需要，也突出了建筑的挺拔的气势。外墙材料为花岗岩，保证政务建筑庄重的效果。

行政办公楼

昆明永宁清真寺

项目名称 永宁清真寺
设计单位 昆明市建筑设计研究院有限责任公司
占地面积 2557平方米
建筑面积 1200平方米
重建时间 1996年
工程地点 昆明市金碧路53号

  永宁清真寺是我市伊斯兰教主要的宗教寺院之一，建寺已有700多年历史，在国内外具有一定影响。因诸多原因旧房已拆除，目前的清真寺是1996年在原址上重建的。

  永宁清真寺地处昆明市中心，毗邻金碧广场，为传统的合院式建筑布局，结合周边建筑在寺院入口处形成了一个人流集散的小广场，满足了穆斯林群众日常宗教活动的需求。

建筑侧面

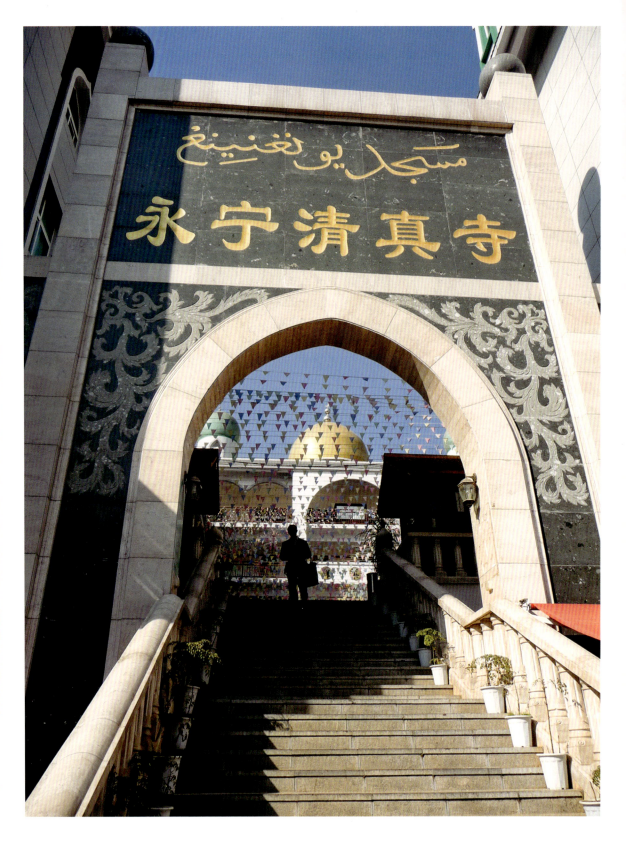

现清真寺的主体朝真殿（礼拜大殿）坐西向东，在总平面中礼拜大殿放在地块的西侧，以此为中心设立了一条东西的轴线。轴线东面设天井、南北两侧设有辅助功能的厢房，东西敞开形成一个传统三合院的内空间格局。

建筑的风格在与周边金碧广场建筑群相协调的基础上采用琉璃瓦的坡屋面、歇山顶、挂檐等，并采用部分阿拉伯地区清真寺建筑符号，如大殿上的穹顶、入口的"邦克楼"以及门窗头细部的弧形线条等，并加之立面采用昆明穆斯林群众喜爱的白、绿、金三色为主调，使整幢建筑构成一个富有昆明传统建筑意象，又具伊斯兰清真寺识别性的和谐组合体。

建筑形体及立面设计中，考虑到昆明地区清真寺的传统格局，故采用了三合院的布局方式，这样既满足了天井的功能又能让群众产生传统空间的亲近感。南面室外梯以及传统意象的牌坊增强了寺院主入口的识别性，也丰富了开口处的空间层次。

1	3	4	远观建筑序列
2			建筑与周边环境
			清真寺大门
			特点突出的清真寺大门

1 2
3

门坊与建筑
不同功能建筑间的相互关系
建筑廊道

昆明市博物馆

项目名称　昆明市博物馆
设计单位　云南省城乡规划设计研究院
用地面积　2万平方米
建筑面积　7140平方米
建设时间　1997年
工程地点　昆明市

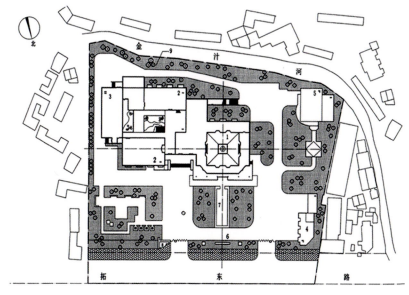

1 古幢厅　4 业务楼　7 水池
2 展厅　　5 研究所　8 售票房
3 库房　　6 提名基座　9 古柏保护区

1
2

底层平面图
总平面图

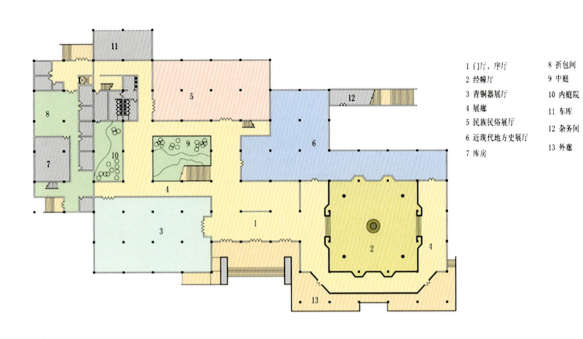

1 门厅，序厅　　8 折包间
2 经幢厅　　　　9 中庭
3 青铜器展厅　　10 内庭院
4 展廊　　　　　11 车库
5 民族民俗展厅　12 杂务间
6 近现代地方史展厅 13 外廊
7 库房

　　昆明市博物馆位于昆明市城区东部拓东路东段，是一座集文物展览、保护、收藏与对外交流、遗址公园为一体的具有先进工艺、智能化功能齐全的博览性建筑。博物馆的总体布局以古幢为中心（古幢为唐代经幢，是国家一级保护文物）经幢厅中部下沉，外部以二层视廊环绕，采用半开敞式方式将古经幢保护起来，使千百年来置于室外的古经幢得到了较好的保护。

　　昆明市博物馆建筑造型立意，着重反映博览性建筑气势宏大和多民族地区的地方特色，同时展现出奋发、进取、向上的气势，将建筑艺术与先进工程技术有机结合起来，烘托出高科技、高信息的时代气息和地方性特色建筑所独有的气质。

1	3
2	4

博物馆模型
博物馆入口外观
建筑鸟瞰
建筑立面

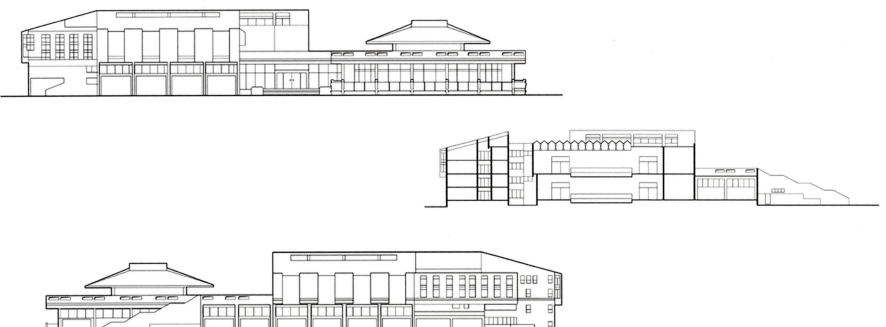

　　整个建筑造型完整，经幢大厅、展厅、辅助用房有机的结合，提炼和吸取了云南地方民族建筑中一些吊角楼、空斗架、坡屋面的做法，以三角形、几何图形为主题，形成富有韵律的变化形体。粗旷厚重的大屋顶与轻盈细致的平台景观体系相结合；展厅墙面丰富的虚实对比；坡屋顶与三角形屋架的遥相呼应；强烈民族特色与建筑形式的高度统一，使整个建筑层次丰富、构图严谨、具有强烈雕塑感的外型，在强烈的对比中寻求和谐统一。

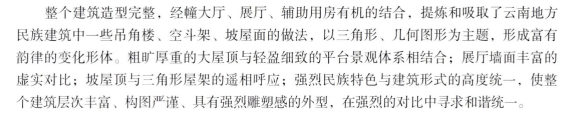

1	2	4
3		5	6

建筑局部（1、2、3）
内庭
展厅
古幢

平面设计围绕使用功能进行空间划分，充分考虑参观流线、专业技术性强、展厅发展变化快这一建筑特点，采用统一柱网空间布置格局，以达到空间收放自如、布展灵活、分隔自由的空间和使用效果。

建筑立面采用绿色隐框窗与竖状的实墙组合。二层平台以花岗岩火烧板与质感的地砖相搭配，基座凹凸不平的红砂岩与汉白玉柱头的组合，色彩鲜明、质朴、雅致，有较强的雕塑感和现代感。

展厅采光均采用室外光、照明和辅助光照明方式，厅内光线柔和，二层斜顶与平屋顶结合处为采光窗，采光、通风效果优良，对文物保护十分有益。

| 1 |
| 2 |

建筑效果
内部走廊

昆明野鸭湖假日小镇

项目名称 昆明野鸭湖假日小镇
设计单位 云南省设计院
用地面积 476亩
建筑面积 16万平方米
建设时间 2006年
工程地点 昆明市

昆明野鸭湖山水假日小镇位于昆明空港经济区西北侧，基地地处野鸭湖旅游风景区内，被群山环抱，生态环境良好。野鸭湖山水假日小镇是典型的城郊型大众休闲旅游度假小镇，也是云南省首批旅游小镇开发建设项目之一，总用地为476亩，总建筑面积约16.0万平方米。

小镇采取了组团式和线状相结合的布局方式，各区域分区明确，多层次的车行、步行空间，为居者营造了围而不合、分而不离、隔而不断、人车分流的田园生活氛围。建筑造型立足本土文化，采用云南乡土建筑的夯土墙色彩，体现了红土高原的地区特色，呈现了精细、轻灵、提炼、融合的新昆明气质。

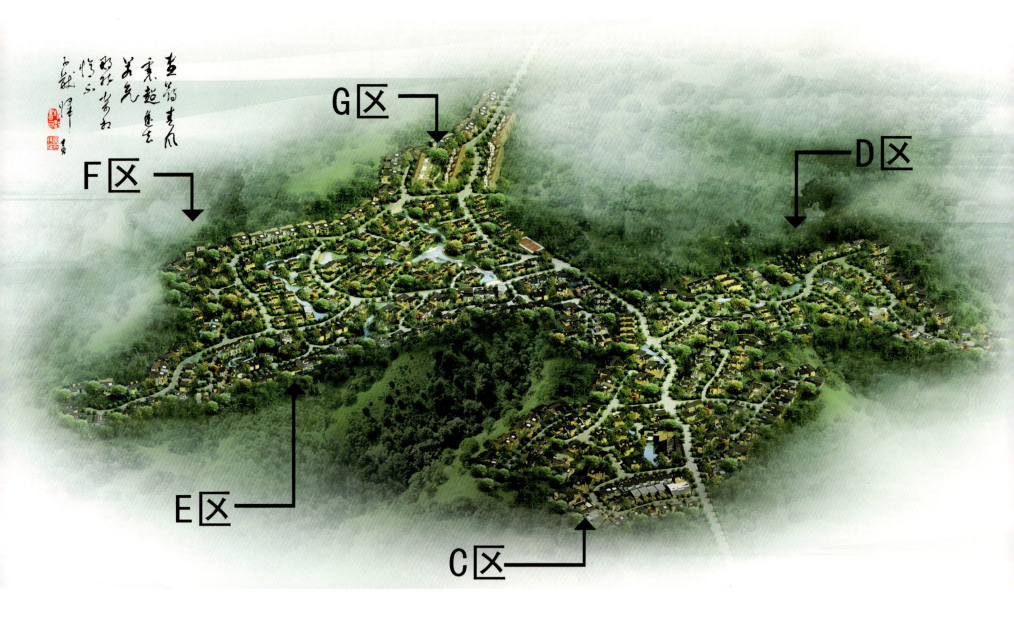

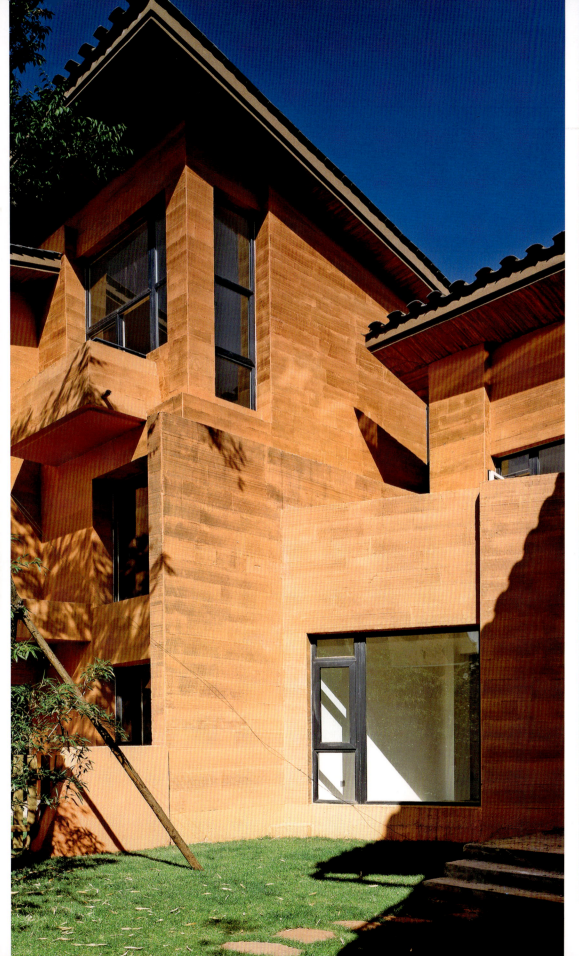
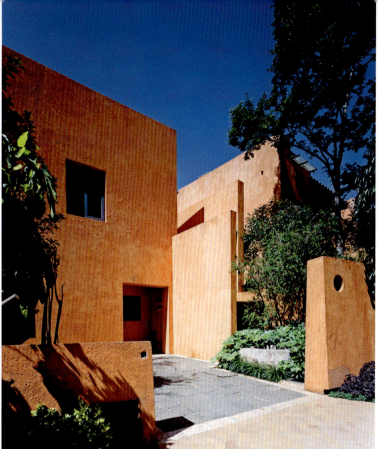

建筑强调当代地域文化特征，它拒绝在风格与形式上的纠缠不清，与建筑及居住文化形成的"食洋不化"和"食古不化"不同，野鸭湖山水假日小镇力图重新发掘出在现代建筑里已经濒临灭绝的不可多得的精神财富，整合各种返璞归真的意象，吸收它们的灵感和神秘，将传统建筑中原有的合理因素充分利用起来，融于设计中，呈现出全新的地域性建筑特征。

　　野鸭湖别墅是新时期的经纬别墅，崇尚自然，建筑设计充分考量了昆明土地特有的红色，昆明的雨水特点，日照特点，气候时晴时雨的丰富变化，所在区域的山地高差、自然植被和景观视野等各种条件，是一个"可以生长的别墅"。

野鸭湖的最大风格就是没有风格。它最大的特点就是多元化，没有固定的三居室，四居室，而是可以根据家庭结构的变化而进行调整。

在外观上野鸭湖山林别墅给人的整体印象是不失中式风格的豪华气派，又有欧式风格的浪漫典雅，显得简洁大气，同时也不乏清新明快的感觉。置身小区中间房子的空间感觉得到了无限地延伸，从窗户往外看郁郁葱葱的绿色延绵不尽。

丽江木府

项目名称 丽江木府
设计单位 云南城乡规划设计研究院
用地面积 4686平方米
建筑面积 6445.6平方米
设计时间 1997年
竣工时间 1999年
工程地点 丽江市

1   2

木府鸟瞰实景
狮子山下的木府

始建于元代，鼎盛于明洪武年间，毁于清咸丰年间的丽江木氏土司衙门（简称木府），位于丽江大研古城的西南角。鼎盛时木府占地一百多亩，有近百座建筑是古城的心脏所在，1996年大地震后进行重建。木府建筑群的布局传承了中国古建筑的传统衙署形制，在主轴线上依次布置：照壁、金水桥、忠义石牌坊、仪门、正殿（护法厅）、光碧楼、玉音阁、三清殿。木府分前后两院，前院主要为土司衙门的议事、接见、读书、理事之场所；后院为休憩、活动、礼乐之场所。在前院北面布置木氏家族居住区，为土司衙门木氏家族的居住场所。木府建筑群外观庄重、雄伟、素雅，在明代中原建筑风格的基础上，融入了纳西族、白族等各地工艺风格，展现了纳西人民广采博纳多元文化的开放精神。

1
2

木府平面
木府全景鸟瞰图（顾奇伟手绘）

丽江木府衙署

万卷楼"明三暗五"为木府最高建筑。木氏土司很重视教育，把万卷楼作为文化的象征建在了议事厅后的高地上，以突出重要地位，仅次于议事厅。万卷楼集两千年文化遗产之精萃，千卷东巴经，百卷在藏经，土司诗集、众多名士书画，皆是翰林珍奇，学苑瑰宝。

木府仪门
木府建筑立面
议事厅
万卷楼
木府建筑平、立、剖（5、6）

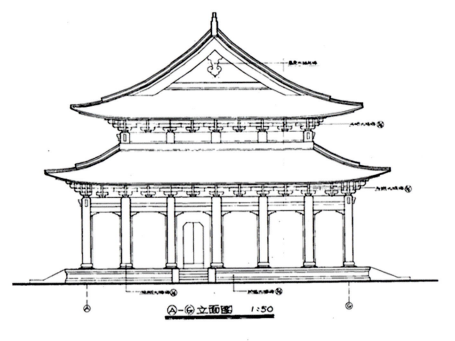

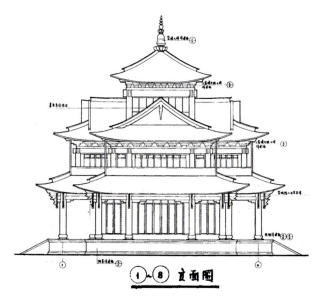

①~⑧ 立面图

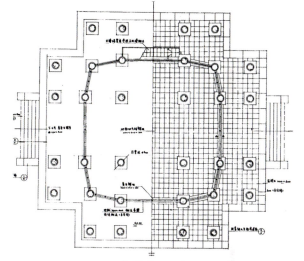

底层平面图

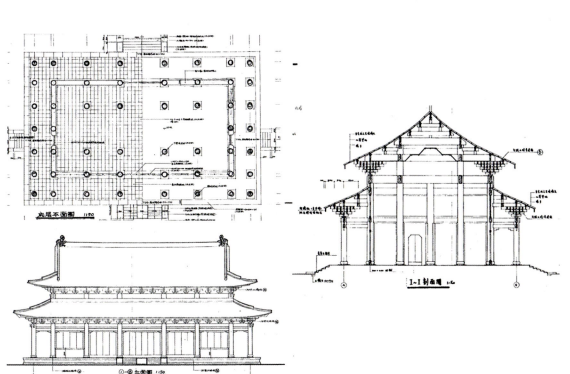

顶层平面图 1:50

①~⑧ 立面图 1:50

I~I 剖面图

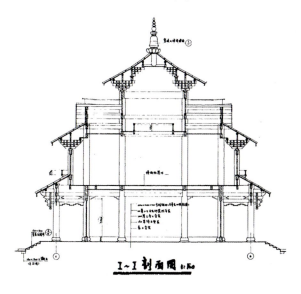

I~I 剖面图 1:50

木府采用"大宝积宫"和"琉璃殿"的斗拱形制，议事厅、护法殿为重檐歇山式屋顶，万卷楼为楼阁式重檐歇山屋顶；光碧楼为楼阁式单檐歇山；三清殿为楼阁式二层要歇山顶，三层殿为四角攒尖顶；仪门为单檐易歇山顶，连廊、爬山廊为卷棚顶。

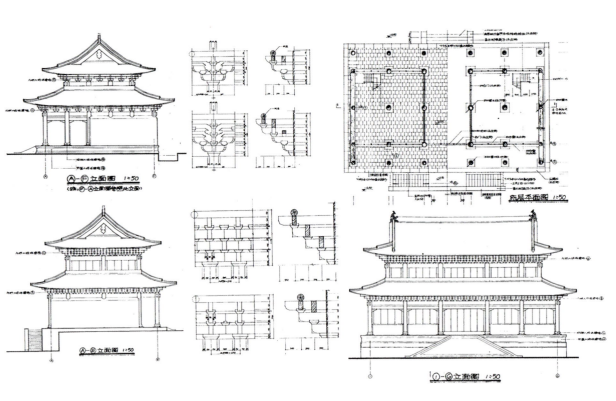

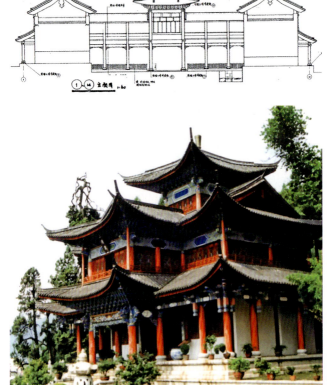

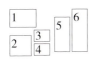

木府光碧楼
木府建筑平、立、剖（2、3）
木府三清殿
木府建筑平、立、剖
木府建筑与水

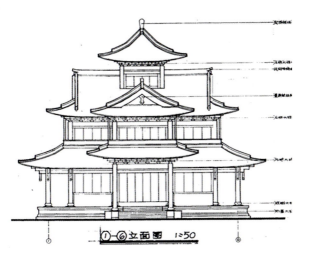

①一⑥立面图 1:50

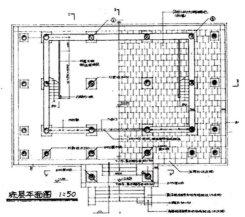

底层平面图 1:50

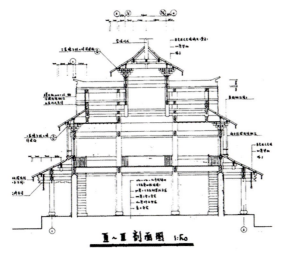

Ⅰ~Ⅰ剖面图 1:50

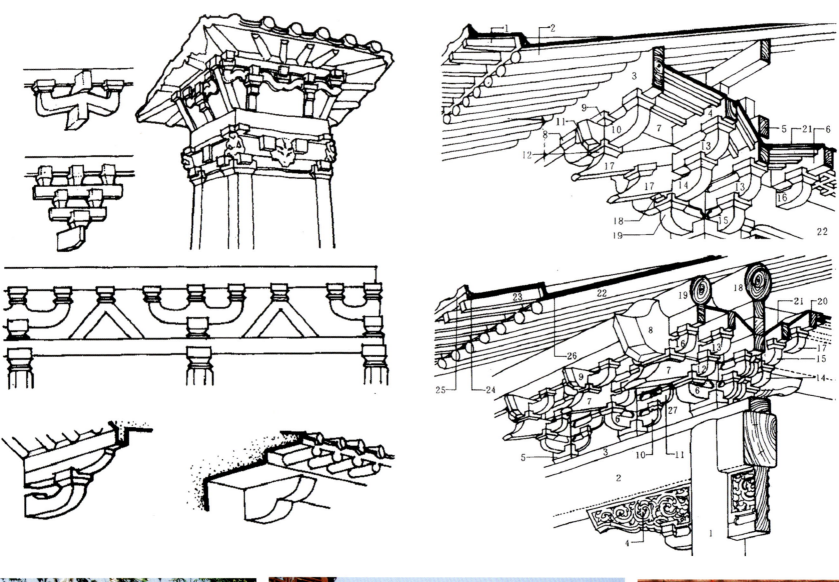

木府建筑色调以黛色（瓦）、红色（柱）、青、绿、白、赭色（彩画）为主色调。彩画图案枋心多为素色，藻头采用的多为一整二破，箍头多为盒子画花草，平板枋多为莲花图案。

1		5	
2	3	4	6	7	8

木府拱祥图
石牌坊
万卷楼飞檐
斗拱彩画
玉音楼
飞檐斗拱
护法殿斗拱
玉音楼飞檐

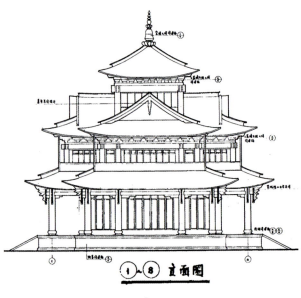

①-⑧ 立面图

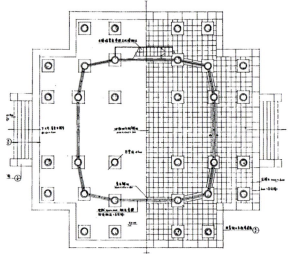

底层平面图

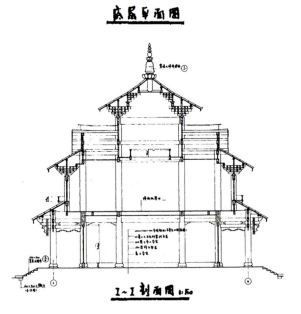

I~I 剖面图

云南艺术特色建筑物集锦（上册）

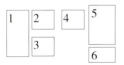

平立面
局部
局部护法殿
飞檐斗拱
局部（5、6）

木府是一个述说纳西族历史故事、蕴涵东巴文
化的建筑群，它集纳西、汉、白、藏族建筑文化为一
体，集山、林、水、屋共一色。在沉寂了多年以后，
重新展示在世人面前，向人门讲述纳西、丽江和古城
的故事。

1	2	4	木府议事厅
3		5	木府三清殿

木府万卷楼一
木府万卷楼二
木府光碧楼

丽江滇西明珠

项目名称 丽江滇西明珠
设计单位 昆明官房建筑设计有限公司
占地面积 21.8公顷
建筑面积 93863平方米
设计时间 2002年8月
竣工时间 2003年12月
地　　点 丽江市

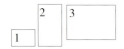

建筑与景观
滇西明珠规划总平面图
鸟瞰图

　　丽江"滇西明珠"是一个全产权式五星级分时度假酒店和高尚别墅项目。建设地点位于丽江香格里拉大道北端，北临生态公园，远望玉龙雪山；南和新城相连。项目吸收了纳西文化的建筑特点，采用了院落式的布局方式，展现了小桥、流水、人家的纳西特色。

滇西明珠 规划总图

酒店客房按庭院式分成若干幢，注重与坡地和水体的结合，按纳西族院落形式错落有致地布置在景观水系中，保证更多的房间能看到玉龙雪山。以辅助性设施（厢房、院墙）等来调整平衡标高的不同和不规则的地形，使院落空间组合更加灵活自由、自然协调。

依据丽江纳西民居的特点，建筑采用粉墙灰瓦斜屋面，勾勒窗框做图案，屋脊挠角做重檐，注重门头做脸面，色彩明快淡雅。用现代建筑材料吸收和提炼了纳西建筑文化特色和建筑符号，以达到现代建筑和丽江传统建筑风格的统一协调。

山墙面采用纳西族喜欢的悬山式，并以两条宽宽的封檐板和正中的"悬鱼"来表现地域特色。外立面墙面开敞、轻巧，上下两段分别用不同的饰面材料来装饰以产生青砖青石的效果，突出纳西民居的特点。

建筑与景观
建筑侧面
建筑布局
建筑与景观
主体建筑侧面

			依水而建的建筑
1	2		滇西明珠内环境
		4	建筑群与景观
3			退台式建筑侧面
		5	沐浴在月色中的建筑

　　滇西明珠环境景观与建筑尺度协调相宜，建筑群和小桥流水、绿树红花营造出一种充满诗意的生活空间，环境已不是单纯的景观，而是一首诗，一首音乐，表达了高尚的生活情调和纳西文化的延续，具有"虽为人作、宛若天工"的建筑特色。

　　按"流觞曲水"的意境布置或宽或窄、或弯或曲、或静或动、或分或汇，根据高差布置了戏水平台、曲廊亭台、拱桥、平桥和水面栈道，再配置花草乔木，将幢幢酒店客房掩映在树林水面之中，让人感受到浓厚的丽江文化意境，享受到一种优美的画面。

　　丽江滇西明珠建筑风格与当地纳西建筑风格文化协调统一，成为当地建筑的一大特色景观。

丽江客运站

项目名称　丽江客运站
设计单位　云南泛亚工程设计有限公司
用地面积　2.13万平方米
建设时间　2007年
工程地点　丽江市

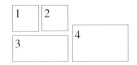

丽江客运站总体平面图
丽江客运站建筑平面图
丽江客运站鸟瞰图
丽江客运站实景照

丽江客运站位于丽江市康仲路，建筑沿康仲路展开布局并在转角处退出站前广场，体现了"大站场、小站房"的现代交通建筑设计理念。

建筑形象源于古城四方街科员楼的启发，逐级内收抬升的钟楼丰富了建筑的轮廓线，候车厅主入口前的拱桥造型，展现了丽江小桥流水的城市特色。

建筑上端深长的"出檐"，具有一定曲度的"面坡"，显示了柔和优美的曲线。整个建筑高低错落、纵横呼应，构成了一幅既均衡对称又富于变化的外景。近百米长的弧形候车厅屋顶曲线流畅，外露出墙的"风火墙"及檐口的"悬鱼"挂板增加了建筑的本土文化内涵，展出了现代建筑功能与传统纳西民居建筑艺术的完美结合。

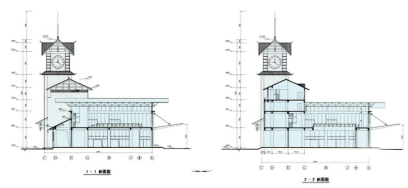

1-1剖面图   2-2剖面图

丽江客运站主楼
丽江客运站建筑剖面图（2、3、4）

1	2	5	
	3		6
	4		7

丽江客运站主楼
丽江客运站售票厅入口
丽江客运站走廊

云南大学旅游文化学院（丽江）

项目名称 云南大学旅游文化学院（丽江）
设计单位 云南省设计院
占地面积 800亩
建筑面积 12万平米
建成时间 2002年
工程地点 丽江市

    云南大学旅游文化学院位于丽江县城外，香格里拉大道尽端。背靠玉龙雪山，周边群山环抱，环境宜人。校园采用自由式布局，各教学单元通过连廊构建了完整、灵活的合院空间组合，在满足各教学功能需求的同时，体现了木土文化特色。道路系统自然流畅，建筑、小品、硬质景观点缀在植被中，玉龙雪山融雪而下的潺潺溪流流倘其间……，掩映在巍巍玉龙雪山之下的学院，成为学子们温馨、宁静、和谐的理想学习之所。

1	2

云南大学旅游文化学院主教学楼远景
云南大学旅游文化学院主教学楼

学院布置以丽江古城的文化特色为依托，建筑依山就势、临水通透，建筑平面布局紧凑、流线清晰、功能分区明确。错落有致的建筑群和绿树环绕、溪水清流的院落广场组成了具有纳西风情的学习空间。

学院建筑充分体现了学校建筑安静有序、现代开放、地域文化与现代建筑融合协调的现代高校设计原则，白墙、灰瓦之间穿插的外露构架，红色的具有东巴文化内涵的挂板，呈现了一个具有独特纳西民族文化风情的自然生态的现代化学院。

1
2
3

云南大学旅游文化学院主教学楼侧面
云南大学旅游文化学院一隅
云南大学旅游文化学院的内院

走廊细部
学院内院（2、3）
山水相间的校园

教学楼入口

丽江市玉龙县行政中心

项目名称 丽江市玉龙县行政中心

设计单位 云南省设计院&北京市建筑设计研究院

用地面积 600亩

建筑面积 43600平方米

设计时间 2003年

竣工时间 2005年

工程地点 丽江市玉龙县

玉龙县行政中心位于丽江市玉龙新城城市轴线的南端，背靠蛇山，前临漾弓江，北与玉龙雪山遥遥相望。建筑风格源于当地纳西民居的院落布局、色彩和符号，经过细致地提炼，形成典雅精致的立面效果。总平面布置中充分体现内部功能的特质，以连绵的"合院"布局，形成颇具"府院"之气的空间聚落，使整个行政办公区传递出浓厚的地域文化信息。

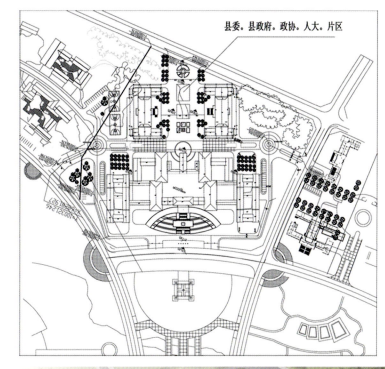

1
2

丽江市玉龙行政中心总平面图
丽江市玉龙行政中心鸟瞰效果图

云南艺术特色建筑物集锦（上册）

丽江市玉龙行政中心正门入口实景
丽江市玉龙行政中心主楼
丽江市玉龙行政中心远景

行政中心采用丽江传统庭院与现代设计手法相结合的开放式对称布局形式，注重景观视廊的营造，应用借景、对景的手法，将广场空间、庭院空间和玉龙雪山有机合理地组织在一起。建筑内部空间组织灵活多变，摆脱了以往办公空间的呆板、沉闷的格局，整个建筑群的开敞和半开敞空间与庭院空间穿插其间，使办公空间生动活泼，情趣盎然。

行政中心建筑风格庄重大方、古朴典雅，在继承传统文化的基础上，采用现代建筑材料与传统建筑特色有机结合，在传承了历史文脉的同时，又充分体现出建筑的时代性。

丽江悦榕酒店

项目名称 丽江悦榕酒店
设计单位 云南省设计院和新加坡ADPS有限公司
占地面积 150亩
建筑面积 18000平方米
竣工时间 2006年
地　　点 丽江市束河镇龙泉村

1	2

丽江悦榕酒店总平面图
丽江悦榕酒店一隅

丽江悦榕酒店位于丽江市城北束河乡，距古城约5.5公里，北面与巍峨壮丽的玉龙雪山遥遥相望，酒店用地150亩，内设90幢别墅式客房、接待大堂和后勤服务配套设施。酒店布局中充分利用用地东西长、南北短，并与玉龙雪山呈北偏西9°的视线夹角的特点，将景观视廊作为布局的主要因素，使每一幢建筑均面向雪山，成为观赏玉龙雪山的最佳观赏点。每个客房均自成院落，为入住者提供足够的私密休闲区域，充分体现了以人为本、景观优先、亲和自然的原则。

酒店总平面采用以玉龙雪山为主景观视点的南北轴通过绿地、广场、院落观景台、湖面及三层的塔，将人们的视线引向美丽的玉龙雪山。以自由的道路、水池、绿树组成的自然流畅的东西绿轴，将90幢别墅式客房通过曲折蜿蜒的小径有机串联，使酒店透着浓浓的纳西风情。

酒店建筑采取以功能为主，兼收并蓄的手法，以写意的手法来展现地域文化和民族文化的传承，同时又彰显出旅游度假酒店的典雅气息。通过精致的细部刻画结合环境景观，从氛围和意境方面展现了一种对文化传承的由形似到神似的意象，主轴的严谨和绿轴的飘逸，充分体现出纳西民居自由、流畅、崇尚自然的建筑特色和"执古精神"。

每个客房均自成院落，为旅客提供足够的私密休闲区域，从而体现出以人为本、尊贵豪华、景观优先、亲和自然的设计原则，超大的客房，单层布局，每个客房均有400平方米的院落。

1		4	5
			6
2	3		7 8

悦榕酒店别墅
悦榕酒店别中轴
得玉楼远景
别墅客房大门
客房入口
客房庭园
有机串联客房
蜿蜒的小径

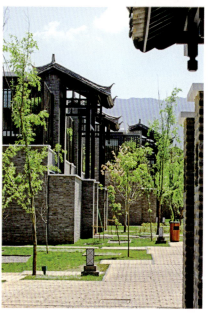

花园别墅是启迪人心、进行冥想的理想场所。别墅四周是郁郁葱葱的花园，透过滑动玻璃门，户外美景尽入眼帘。远眺天边时隐时现的玉龙雪山，峰峦层叠，如诗如画。

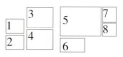

	3	5	7
1			8
2	4	6	

合院式客房
酒店中轴景观
酒店前庭
酒店绿轴上的客房
曲水环绕的客房
客房内院
酒店水景
外伸的房檐

设计中充分利用用地东西长、南北短，并与玉龙雪山呈北偏西9°的视线夹角的特点，将景观视廊作为布局的主要因素，使每一幢建筑均面向雪山，成为观赏玉龙雪山的最佳观赏点。

5	6	1	
7	8		2
9	10		

酒店水景
酒店入口庭院
水路相间
内院中的水池
古朴的入口门楼
中轴线的内院
优美的屋檐
依水而建的客房

1	2	建筑与山景
3	4	毗邻的屋顶
		安静的小路
		客房的内院

客房采用传统宽广的屋顶设计，外露的木格栅融入了当地纳西文化；红色、金色和黑色浓郁的东方色彩内饰，烘托出温馨浪漫的情调，尽显建筑的雍容华贵；美丽的玉龙雪山融入了酒店的每一个庭园；曲线优美的大出檐屋顶和"悬鱼"封檐板尽显了纳西建筑的特色。

普洱市孟连宣抚司署

项目名称 普洱市孟连宣抚司署
提供单位 孟连县建设局
占地面积 1.2万平方米
建筑面积 6738.9平方米
始建时间 1406年
工程地点 普洱市孟连县

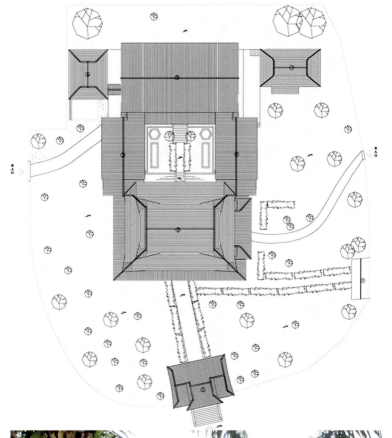

普洱宣抚司署，坐落于云南省孟连傣族拉祜族佤族自治县的娜允古镇内，是孟连28代土司的衙门。初建于明永乐四年（1406年）时称为"孟连长宣司"，清光绪五年（1879年）重建。占地1.2万平方米，依山势分三台布置建筑，由议事厅、后厅、厢房、厅门等组成，是云南唯一融汉、傣建筑特色为一体保存完好的古代建筑群，1965年被公布为第一批省级文物保护单位。

1
2
宣抚司总平面
宣抚司署大门

主体建筑议事厅是一座三重檐歇山顶干栏式建筑，长23.2米，宽10.2米，面阔7间，进深5间，干栏柱6排47棵对称排列，檐枋下有象鼻昂斗拱8朵，并有花卉动物木雕，议事厅楼上有龛台，是土司议事之处。正厅为一楼一底重檐硬山顶式建筑，前厦檐下有龙凤和八仙木雕，为土司居室。左右厢房为一楼一底硬山顶沿廊式对称建筑，大门为二叠小歇山式飞檐斗拱门堂。整组建筑为木结构，其斗拱、飞檐等构件为汉族建筑形式，干栏楼房、厅堂为傣族建筑风格，是汉傣建筑艺术融合的精品杰作。

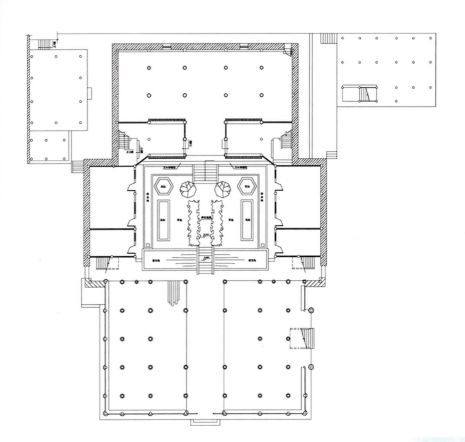

走进议事厅登上二楼，这里是土司议事的地方，端立于屋子最前方一人多高的龛台就是土司的"宝座"。宝座两旁高竖旗帜和仪仗，其中两柄镶嵌宝石的金伞尤其引人注目。遥想当年，刀氏土司召集傣族、拉祜族、佤族的头人们在此议事，问应之声如在耳畔，而时光已悠悠走过几百年。

宣抚司署
宣抚司署平面
宣抚司署内院

穿过议事厅便到了后花园，此处遍植多种热带植物花卉，阳光下，绽放着热烈的花朵。大片的红色三角梅攀爬在壁间，树番茄则悄悄地从墙头垂挂下粒粒火红的、橙黄的果子，将灰褐的墙面装点得灿烂鲜活。

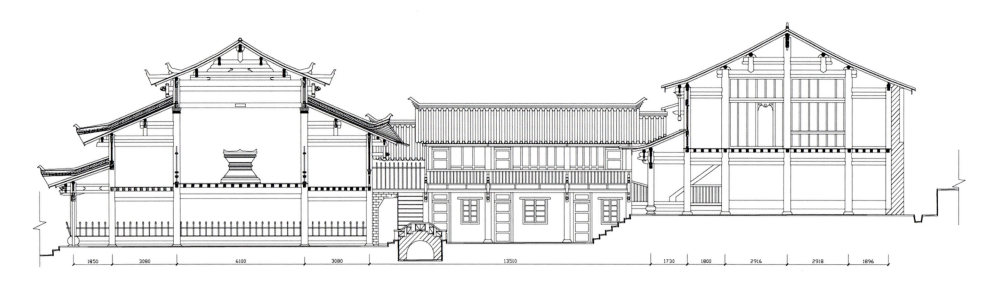

1	3
2	4

宣抚司署议事厅
宣抚司署剖面
宣抚司署议事厅正立面
宣抚司署正厅正立面

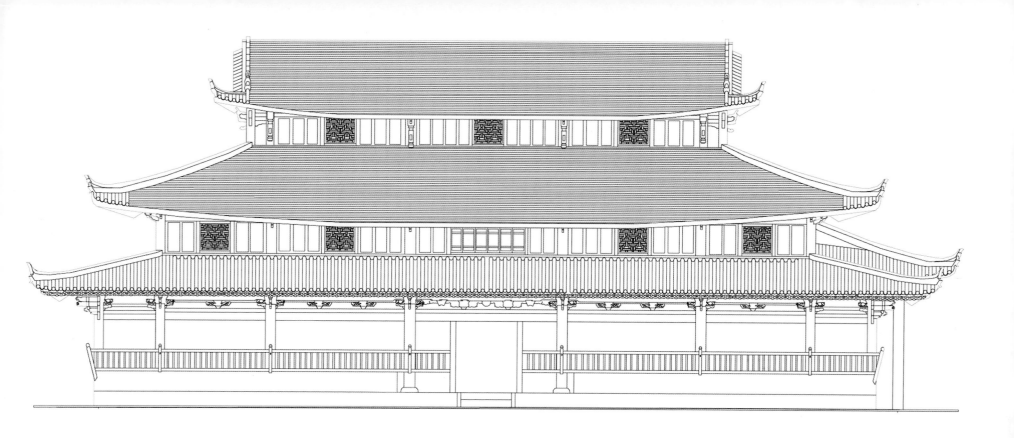

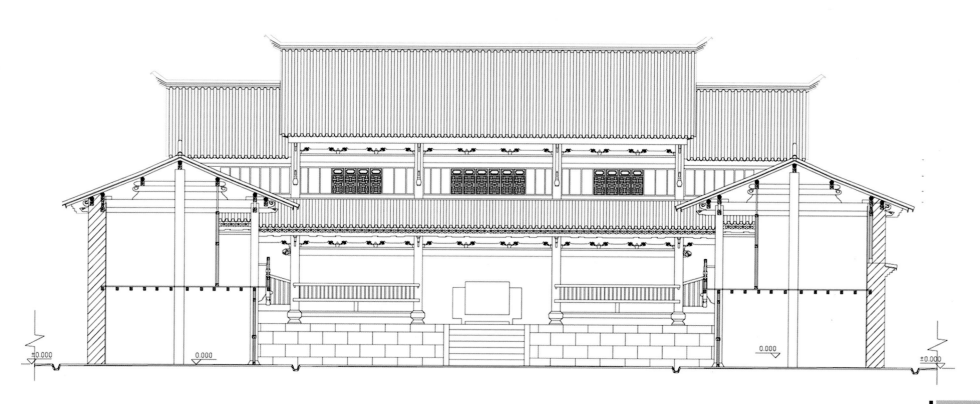

正厅通过小拱桥与议事厅相连。这座一楼一底重檐硬山顶式建筑为刀氏土司及其夫人们的居室，左右厢房也是一楼一底硬山顶建筑，采取沿廊式对称，与正厅浑然一体。

同议事厅相比，正厅显然华丽许多，无数根金柱与檐下精雕细刻、繁复瑰丽的金色斗拱相互辉映，衬着褐红色的木楼，使得"金色王宫"的称号名副其实。

宣抚司署议事厅侧面

沧源广允缅寺

项目名称 沧源广允缅寺
提供单位 沧源县建设局
占地面积 2200平方米
建筑时间 1828年
工程地点 临沧地区沧源县

广允缅寺入口前殿

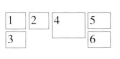

1	2		4		5
3					6

主殿
前殿近景
前殿飞檐
过厅内部
过厅巨柱
雕龙细部

广允缅寺位于云南省临沧地区沧源县城勐董镇大街北侧，俗称"学堂缅寺"，始建于清道光八年（1828年），为小乘佛教建筑，是云南省西南少数民族小乘佛教中有重要影响的寺院之一。寺院占地2200平方米，现有的主殿建于高0.5至1.5米的基座上，面阔14.8米，进深24.4米，为穿斗式木架结构，由带围廊三重檐歇山顶的殿堂与四方形五重檐亭阁组合而成。是汉式建筑外形与傣族寺院的有机结合，在建筑艺术风格上独具一格。广允缅寺由于其历史、地域、人文、宗教的重要地位，于1988年1月13日，被国务院公布为第三批全国重点文物保护单位。

　　主殿建在高0.5至1.5米的基座上，为穿斗式木架结构。整座主殿是以围廊式殿堂和附设的一亭阁组成。亭阁建于殿堂大门前，形成一过厅，有四棵巨柱作支撑，二柱上各雕一条巨龙，一爪前伸，另一爪踏住云层，尾和身回旋而龙头昂起，作抢宝状。殿堂的门窗有透雕装饰，深枋门柱饰满"金水图案"，技艺精湛是傣族的传统工艺。

亭阁上部为重檐歇山顶，每一檐与大殿的下檐基本相等，第二檐与大殿中檐相等，在达二重檐之间及大殿的中檐和上檐之间，连接处再加二重檐，所以此亭阁的外表呈多重檐交错起落的状态，甚为壮丽。

1	3	5	
2	4		6

前殿飞檐
木窗细部
重檐近观
穿斗式木架
女柱
男柱

殿堂内外墙壁及藻井均绘有彩画，现保存较为完好的是大殿内墙后十幅壁画，共48平方米，内容为小乘佛教流传的故事及当地社会风俗人物画。

| 3 | 4 |
| 5 | 6 |

大殿内景
大殿顶部
佛像
大殿壁画

沧源佤族翁丁村

项目名称 沧源佤族翁丁村
提供单位 沧源县建设局
占地面积 约60亩
工程地点 临沧地区沧源县

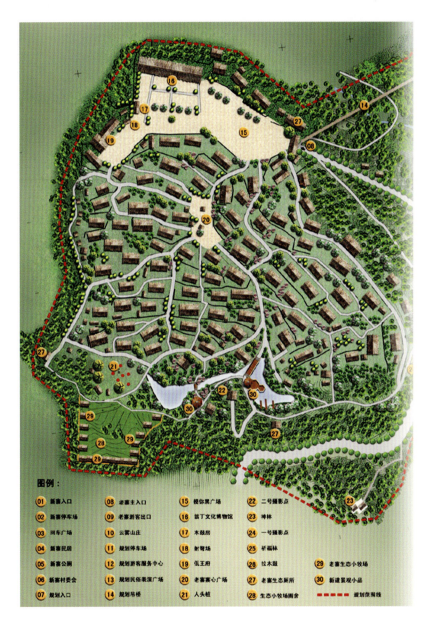

图例:

01 新寨入口	08 老寨主入口	15 摸你黑广场	22 二号摄影点
02 新寨停车场	09 老寨游客出口	16 翁丁文化博物馆	23 神林
03 网球场	10 云雾山庄	17 木鼓房	24 一号摄影点
04 新寨民居	11 规划停车场	18 射弩场	25 祈福林
05 新寨公厕	12 规划游客服务中心	19 佤王府	26 拉木鼓
06 新寨村委会	13 规划民俗表演广场	20 老寨寨心广场	27 老寨生态公厕
07 规划入口	14 规划吊桥	21 人头桩	28 生态小牧场围合
			29 老寨生态小牧场
			30 新建景观小品
			- - - 规划范围线

翁丁佤族原生态民族文化村被称为"中国最后的原始部落",位于沧源县勐角乡,距离县城33公里,较为完整的保留了佤族村寨的传统风貌,寨中有原汁原味的佤王府、寨门、寨庄、祭祀房、神林、木鼓房及传统家庭式的手工艺作坊,为云南省的历史文化名村,村寨有100余户人家400多人。

翁丁村的佤王府是参照班洪王胡玉山王府重建。光绪十七年七月(1891年),云贵总督奏请朝廷给在边事调解工作中出力有功的班洪头人桑次封为"班洪土都司",赐姓"胡"名"玉山",准其世袭,颁给铜制的"世袭班洪总管土都司"印一枚。

1 翁丁村全貌
2 翁丁村总平面

1	3	5
2	4	

翁丁村寨门
佤王府
佤王府主火塘
佤王府神火塘
佤王府鬼火塘

佤王民国时又被云南省省长龙云封为"班洪总管"，并于1934年出钱给他把清朝时建的大房子会议厅进行了重修。建了一座"班洪总管府衙"，这座府衙被称为"佤王府"。解放后其后人将印章上交，结束了班洪世袭土司的历史。

佤王府结构，基本布局与一般民居相同，只是房屋更宽敞高大，室内分设三个火塘，其中主火塘属佤王专用，神、鬼火塘为祭祀之用。

1 3 4 5 村寨中的民居
2 祭祀房
祭祀房中的木鼓
寨桩
寨心广场

寨桩由四部分组成，一是记录司岗里故事的木塔，从上往下第一个木刻是葫芦把，是佤族生殖崇拜中的男根崇拜，生命之原；第二个木刻是葫芦身，象征孕妇腹部，是"司岗"孕育生命的容器；梁上木刻释然了佤族生命诞生之源司岗里的内涵；以下的木刻代表了锅圈，甑子，三角等生活用具，二是由寨桩和台板合组成的供台，用来放置祭物祭品，

1	2	3
	4	5

女神图腾柱
人头桩
村寨中民居
柴堆
"老虎窗"

耿马傣族新民居

项目名称 耿马傣族民居
提供单位 耿马县建设局
建设时间 2007年
工程地点 临沧市耿马县

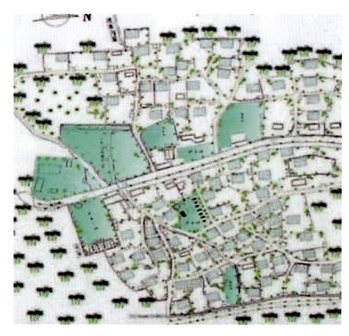

　　临沧市耿马县贺派芒抗村、者卖村是以傣族为主体的村庄，在社会主义新农村建设中，以民族建筑文化特色和民族习俗为基础，结合现代房屋构造特点，建造了既保持当地传统傣式竹楼外形特征，又居住舒适、结构安全、卫生清洁的新民居。改造工程切实改善了傣族群众的居住条件，打造了临沧市首批具有傣民族特色新农村建设的示范村寨。

新民居村

傣族新民居的建筑特点：

1.建筑采用一楼一底独家院落布置，视居民的经济条件，可拼接"展"房，也可以和其它房屋连接一体，房屋可成批建造，亦可利用零星土地分户单独建造。

2.户型平面结构紧凑，一二楼设走廊、阳台，使整个空间变得通透，室内采光通风良好。

3.建筑继承和传承傣族干栏式民居的坡屋顶、吊脚楼、展房的建筑文化元素。正立面通过窗、柱、走廊、阳台及栏杆，体现傣族建筑"通"、"灵"的性格。

4.民居简洁、大方、舒适，整体房屋既体现出了傣族人民的风俗习性和生活方式，又体现出了南方多雨易排水的屋顶特色。

5.房屋充分吸取傣族民居的竹楼特点，适应炎热潮湿多雨的自然环境，新民居为明亮防潮、又散热通风的现代"竹楼"。

沧源佤族新民居

项目名称 沧源佤族新民居
提供单位 沧源县建设局
建设时间 2007年
工程地点 临沧市沧源县

　　居住在崇山峻岭中依山而建的佤族村落一般为二、三十户，歇山椭圆形瓦屋面、土坯竹笆墙的新民居充分展现了佤族传统民居的建筑特色，半圆形的端部入口保持了传统特点。沧源佤族新民居建设突出以人为本的思想，做到既保持传统民族建设风格又合理实用，彻底改变传统民居采光差、通风差、居住环境卫生设施差的缺点。

佤族新民居

佤族新民居

红河州建水古建筑——朝阳楼

项目名称 红河州建水古建筑
提供单位 建水县建设局
工程地点 红河州建水县

| 1 |
| 2 |

朝阳楼正面
平面图

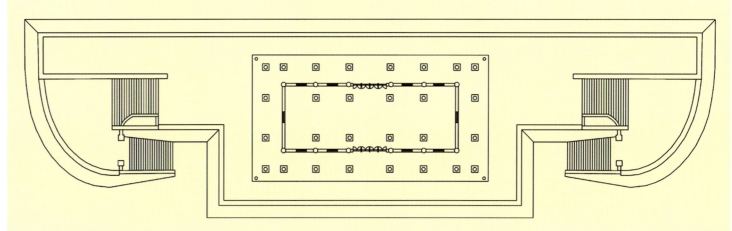

1	2
3	

筑于高台上的朝阳楼
朝阳楼背面
朝阳楼侧面

朝阳楼为建水古城东门楼，又称迎晖门，建于明洪武二十二年（1389年），至今已600余年。形同北京天安门，而又比筑于永乐十五年（1417年）的天安门早建成28年。城楼占地2312平方米，南北长77米，东西宽26米。城门依地势筑于高台上，楼阁又起于两丈多高用砖石镶砌的门洞之上，楼为三层，高24米，三重檐歇山顶，为全国重点文物保护单位。

朝阳楼用48根巨大木柱支撑，分成六列阵势，每列各有八根，中间两列最粗大，直通三楼；其外两列木柱稍细，只通二楼；最外面两列柱围更小，仅支撑一楼屋檐。

三楼屋檐下悬挂着"飞霞流云"、"雄镇东南"的巨字匾额。檐角挂有铜铃，每当和风送爽，铃声清脆悦 耳。春夏之间，万千紫燕栖于檐下，呢喃之声使古城更加喧嚣。

红河州建水古建筑——学证考棚

1　仪门
2　细节
3　总平面图

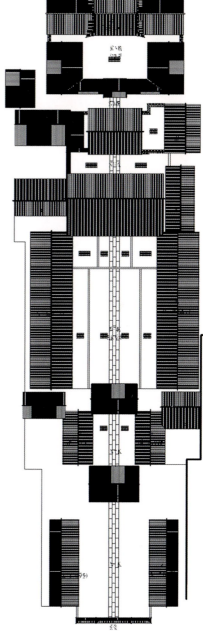

　　学政考棚是滇南科举考试的考点，清康熙三十年（1693年）因原址地域狭小，移至临安路今址，光绪年间（1875–1908年）再建。为云南提督学政定期到此集中临安、元江、开化（今文山州一部）、普通四府学子考试之场所。

| 1 | 3 | 座堂
| 2 | 4 | 第三进院甬道
学政署
学政署大门背面

学政考棚纵深150米，面宽40米，占地6000余平方米，房舍鳞次栉比，以甬道为中轴线严格对称，成大小不等的六进院布置，给人以层层奋进之感。庭院宽敞，环境幽静，建筑保存完好，现为省级文物保护单位。

红河州建水古建筑——文庙

文庙始建于元二十二年（1285年），经历代五十多次扩建增修，占地26万平方米。文庙总体布局采用中轴对称的宫殿式，仿效曲阜孔庙的风格建造，规制严谨、宏伟壮丽、庄严肃穆。庙内有宽阔的椭圆形学海，现存一池、一阁、两庑、两堂、三亭、四门、五祠、八坊。

文庙共分六进院落，纵深达625米。

一进：高达九米的文庙大门"太和元气"坊，迎面便是一泓清池，池广四十五亩，旧称泮池，又名学海，其规模居全国之冠。池中筑有一小岛，上有"思乐亭"。

1	入口牌坊
2	泓清池

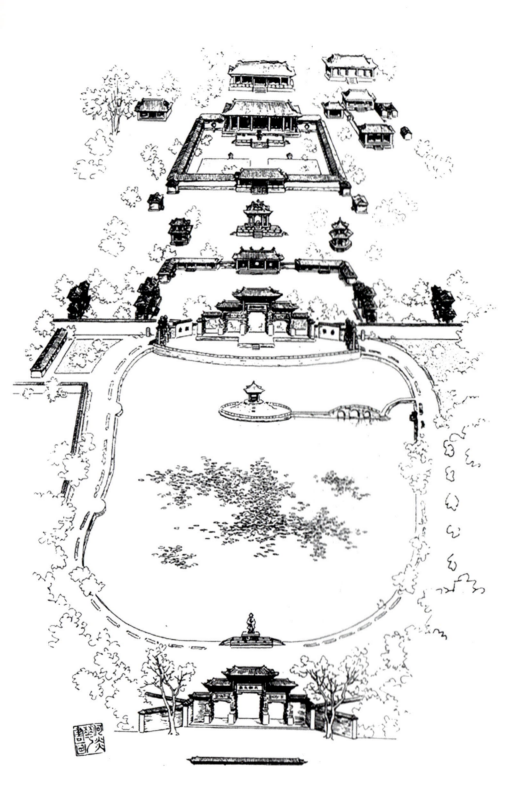

1	2	3	4

全景鸟瞰
入口牌坊背面
道冠古今坊
先师殿

　　二进：沿池后为半月牙形唇台，有石栏杆相围。正面一座高大的牌坊"洙泗渊源"坊，木石结构高九米，巨大石雕龙、麟、狮、象把住牌坊，斗拱精巧，巍峨壮观。

　　三进：从"洙泗渊源"坊到棂星门，棂星门为三开间布置，四根中金柱穿脊而出，高二米，上罩元代盘龙青花瓷罩，下段裸柱有木制饰物，世所罕见，有较高的学术和艺术价值。门前东西方向又有"道冠古今"、"德配天地"、"圣域由兹"、"贤关近仰"四座牌坊，院内两侧为碑林，有碑数十块。

　　四进：进棂星门后为一大园林，数株古松枝丫招展，似在迎客，左右有文昌阁、魁星阁（已毁），还有名宦祠、乡贤祠、玉振门、金声门。

　　五进：进入大成门便是一宽广庭院，文庙的主体建筑先师庙便建在庭院后部的丹墀上，此乃文庙的中心。先师庙又称大成殿，是祭祀孔子的正殿，大飞檐斗拱，结构异常坚固，全殿由二十八根大柱支撑，其中有二十二根青石巨柱高约五米，全用整块石料凿磨而成。

　　六进：先师庙后为崇圣祠，祠前石栏上刻有西湖二十四景名胜图，左侧还有景贤祠、仓圣祠等，祠后为一有上百株古柏的柏树林，使文庙更添古雅之色。文庙为全国重点文物保护单位。

3　斗拱细部
1　德配天地坊
2　孔子雕像

红河州建水古建筑——纳楼长官司署

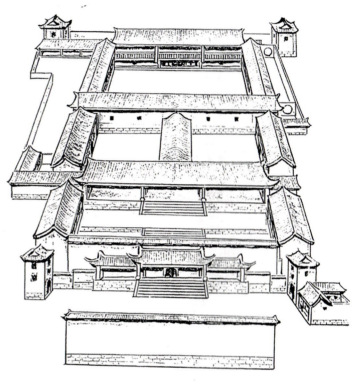

纳楼司署透视图

| 1 | 2 |

土司衙门正门
全景鸟瞰

  纳楼长官司署位于建水县城以南50余公里的坡头乡回新村、旧时建水通往江外（指红河、元阳、绿春）的重要驿道上。纳楼长官司署为彝族纳楼茶甸长官普氏的衙门之一，普氏于明洪武十五年（1382年）受封袭，清光绪九年（1883年），纳楼分为四舍，署为二舍，居崇道里。

  现司署为光绪三十三年（1907年）所建，占地2895平方米，建筑面积2951平方米。建筑以照壁、操场、大门、前厅、正厅、后院为中轴线，由南往北一字排列，厢房、书房、正房左右对称，为三进四合院，大小房舍70余间。大门为坊式，屹立在3米的高台上，正中悬挂"纳楼司署"匾一块，前院为公务房，正厅为司署大堂，后院为住家。司署四角各有二、三层的炮楼一座，壁垒森严。现为全国重点文物保护单位。

1	3	土司衙门大院
2		土司衙门中堂
		土司衙门内廊

红河州建水古建筑——双龙桥

1	全景远眺
2	正阁

正阁侧视
南亭
南亭宝顶细部
斗拱细部
正阁檐口

　　双龙桥座落于建水城西三公里外，是一座三阁十七孔石拱桥，横亘于南盘江支流的泸江河、塌冲河交汇点上，因两河犹如双龙蜿蜒盘曲而得名。此桥始建于清乾隆年间，当时只建成三孔，道光初年又续建十四孔，与原建三孔"雁齿蝉联"，故又名十七孔桥。整座桥由数万块巨大青石砌成，全长一百四十八米，桥面宽三至五米，宽敞平坦。桥上建有亭阁三座，造型别致，工艺精湛，布局得体。中一阁层累为三，高接云霄，前后两阁互相辉映。光绪二十二年（1896年）动工重建，至二十四年落成，比旧固为宏敞，中间大阁为三重檐方形主阁，高近20米，边长16米，层檐重叠，檐角交错，雄伟壮丽。

　　建水双龙桥是云南古桥中规模最大、艺术价值最高的一座桥梁，它承袭我国连拱桥的传统风格，融桥梁建筑科学和造型艺术为一体，凝结着滇南人民高超的技术和智慧，是我国古桥梁中的佳作，在我国桥梁史上占有重要地位。1956年，我国桥梁专家茅以升考察后认为应列为中国现存大型古石桥之列。该桥现为全国重点文物保护单位。

1		3	桥头祥瑞
2		4	佛龛
			桥拱
			桥拱细节

文笔塔位于县城西南3公里拜佛山上，建于道光八年（1828年）。高31.4米，塔基周长与高相等。实心石塔，不分级，无装饰，通体无檐。颈部以下为八面体，亦由底向上逐渐收缩。顶部较小，方形，似笔头，因而名文笔塔。远眺似一枚直指苍穹的巨大火箭，大有一触即发、腾飞升空之势。文笔塔现为省级文物保护单位。

全景远眺

2 3

桥部内廊细节
桥部内廊

乡会桥位于城西5公里的泸江河上，是一座三孔石拱桥，青石拱券砌置，桥面高7米，桥身长32米，宽7米，加上两端引桥，全长102米，东西向跨于河面上，引桥一端东伸，一端南拐，坡度较大，全桥呈"L"字形。桥上全为楼阁覆盖，楼为双层，下层为人马通道，上层建有三屋，檐牙交错，当中为文星阁。此桥重建于1814年（清嘉庆19年），属于典型的砖木石结构楼阁式风雨桥。

乡会桥现为州级文物保护单位。

朱家花园座落在建水古城内的建新街，始建于清光绪年间，是一组规模宏大的清代民居建筑。该建筑占地2万多平方米，其中建筑面积5000多平方米，主体建筑呈"纵四横三"布局，为建水典型的并列联排组合式居民建筑群体。房舍格局井然有序，院落层出迭进，计有大小天井42个。整组建筑陡脊飞檐、雕梁画栋、精美高雅。庭院厅堂布置合理，空间景观层次丰富且变化无穷，形成"迷宫式"建筑群。

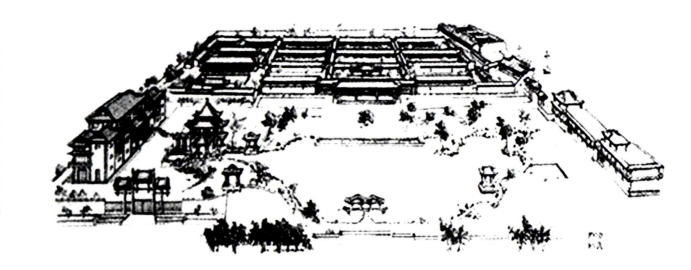

花园坐南朝北，入口为垂花大门。左侧沿街的10间"吊脚楼"与其后的"跑马转角楼"相连，是当年的帐房和物资供给用房。右侧前为家族祠堂，后为内院。祠堂前有水池，水上戏台，亭阁，庭荫花木等。

2		4		6	
1		3		5	

入口大门坊
总体鸟瞰
入口大门坊
局部
斗拱檐口
局部

　　整组建筑的正前为三大开间的花厅，左右两侧为小姐"绣楼"。花厅前是花园，左右对峙透空花墙，将其自然分隔为东园和西园。花园占地面积甚大，正前有荷池、树丛、苗圃、花圃散布其间，形成一座既典型而又富地方特色的南方私家园林。它内雅外秀、形制规整、布局灵活，空间丰富、层次渐进，环境清幽、色彩淡雅、装修有度、结构统一，在丰富的形式中包容了深刻的文化内涵，是内地文化与边疆文化相结合的产物，具有较高的建筑艺术价值。

1　3　兰庭
2　4　木构细部
　　　中将第
　　　蓄芳阁

红河州个旧沙甸大清真寺

项目名称　红河州个旧沙甸大清真寺
提供单位　红河州建设局
占地面积　2.1万平方米
建筑面积　17708平方米
始建时间　1684年
重建时间　2004年
工程地点　红河州个旧市沙甸

大清真寺全景

　　沙甸大清真寺位于沙甸河工农桥旁，始建于1684年，2004年重建，占地面积2.1万平方米。沙甸素有"文化之乡"的美誉，大殿建筑面积2141平方米，是沙甸规模最大的清真寺，也是沙甸伊斯兰教的重要象征。沙甸是云南省著名的穆斯林聚居村镇，其中90%以上是穆斯林。伊斯兰文化与中华传统文化在沙甸得到了有机的融合，已形成了国民教育和民族教育相互融和、相互促进、协调发展的氛围。

大清真寺外观设计雄伟、庄重、肃穆并配有高耸的宣礼塔，半圆形拱门及绿色圆形拱顶作衬托，属于典型的阿拉伯式建筑风格。宣礼塔：是清真寺建筑的装饰艺术和标志之一，共有四个，分别布局在清真寺的四角上，由底层的正方形变为六角形，再变为圆柱形，最终过渡圆锥形直冲蓝天；塔内有螺旋阶梯，可拾级而上，塔外有五层嘹望阳台，塔身有连环的拱窗和圆窗，用灰白色和黑色石贴面，塔尖用古铜板饰面，再搭配色泽亮丽的镀膜玻璃，使整个清真寺既古朴大方，又具现代气息。穹顶：居中设置一个大圆顶周围有四小穹顶环抱，顶上有一颗象征伊斯兰教特征的新月，穹顶用绿铜饰面，更具清真寺独有的风格，新月部分用古铜包装，与尖塔遥相呼应。拱门：塔与塔之间、塔与大殿之间，用一系列拱门的回廊相连接，使塔、顶、殿浑然一体，高矮参差。

1	2	3	
		4	

大清真寺局部
大清真寺远景
大清真寺全景
大清真寺全景

整个礼拜殿以前中后并联搭接，联成一体，加强了纵深感。殿顶高低错落、气势雄伟，镶嵌多用花朵图案组合而成。建筑的内部和外部装饰极其光彩夺目和富于变化。几何图案与各种花草饰涡卷纹样有机组合，轻灵剔透。地板上饰有八角星图案，与苏丹巴伊巴尔斯大清真寺的图案相同，但这里采用地灯连合而成，保证夜间灯光效果。门窗采用与回廊相同的拜占庭式彩色玻璃装修造型，主要采光由透过几何形状窗墙透入的自然光为主，与窗顶部彩色玻璃透进的光线交互融合，能产生精巧的形状和颜色。

穹顶的设计是带有几何形状、花卉植物形象的混合形式，似乎创造着无穷无尽的图案，这些图案在视觉上产生不中断的超越它们的边框而继续下去的效果，与穹顶渐高的形象相互呼应，在尺度上恰成对比，组成了丰富的天际线，在整个大殿的建筑艺术形象构成中，起着统率作用。用玻璃和马赛克在金色背景上构成卷草图案加以装饰，涡状花草装饰以金色雕花玻璃制做或者可以采用石雕做金粉漆。

大清真寺局部
大清真寺局部

红河州石屏县 "文献楼"

项目名称 红河州石屏县 "文献楼"
设计单位 云南省城乡规划设计研究院
占地面积 468.16平方米
建筑面积 609.43平方米
竣工时间 2004年
建筑高度 13.35米
工程地点 红河州石屏县

文献楼
东向侧门横匾 "国器"

文献楼座落于石屏县城以东两公里处焕文公园内,是石屏历史文化成就的集中展示场所之一。采用清代古典建筑风格建造,沿南北轴线布局,结构严谨、气势恢弘。

整个文献楼建筑高13.35米,阔28.4米,进深23米,占地面积468.16平方米,建筑面积609.43平方米。

1	2	4	5
	3	6	7

上檐局部
彩绘
飞檐和斗拱
西向侧门横匾"乡贤"
飞檐
屋檐
木雕隔扇门、窗棂

　　文献楼采用了古典建筑装饰风格，在采光、照明上独具特色，加强了陈列展览的效果。南北向各有大门，东西向开有侧门，皆装木雕隔扇门和窗棂，隔心和裙板上雕有镂空龙、凤、鹤、鹿、牡丹、菊花、兰竹、鸣禽等精美生动的图案。南北向门额上悬挂着云南省著名书法家冯国语先生书写的"文献楼"方形巨匾。文献楼四周是宽阔的广场，青石板铺地，广场边沿建有千步廊，廊间建有对称的廊亭4座。

楼内陈列明清两代石屏籍状元、翰林、进士、名士等94人的画像和生平事迹简介，及民国至今的19位文化名人的照片和他们的著作及生平介绍，此外还陈列着许多石屏籍作者的书籍和文物古迹的照片300多幅，再现了石屏"文献名邦"的风采。

红河州石屏县州衙老街

项目名称 红河州石屏县州衙老街
设计单位 云南泛亚工程设计院有限公司
竣工时间 2008年
工程地点 红河州石屏县

    石屏县位于云南省南部红河州西北部，距省会昆明200余公里。石屏县古城形如龟状，已有上千年历史，是云南唯一的状元故乡，历史上曾有"山川东迤无双境、文学滇南第一州"的盛誉，为省级历史文化名城。

    古城区内人文景观众多，状元故居、古州衙、玉屏书院、文庙、企鹤楼，众多的寺观宗祠、翰林府、进士第以及大批名人民居古建筑群，规模宏大、屋舍相连，被国内外专家誉为"明清民居建筑博物馆"。

    州衙老街是石屏古城的中心，由州衙、文庙、玉屏书院和名人故居等组成，保留至今的建筑均为难得的精品。随着时代的发展，街区内插入的形式杂乱的现代建筑，使原有的历史风貌受到了严重破坏，该项目就是对老街的保护、更新、改造，在延续城市历史文明的同时，为传统街区注入新的活力。

1	2

老街平面
老街鸟瞰

图例：

——— 改造范围界线　　■ 新建建筑
- - - 古建筑群中轴线　　□ 拆除建筑
🌳 绿地　　　　　　　　■ 保留建筑
Ⓟ 停车位　　　　　　　□ 远期拟建建筑

0　5米 10米　　20米　　　　　50米

石屏赋

下阙

滇南邑公水一汤，四时春分庄源阳，两水烟分

物争妍，民庄立今庄涛乡

秋春五度风夷，样管东城弘，俊美石庄桂络，人才

东，三滇仕仁堂，大考会牌

保青枕，赤龙石群芳，至庙甲天下，竹节钟铃刀，白话

夫青八宫校，香树水注注

赤青史，老龙士长坡，花立叶叶映，结艺花绿铃

天代门宪，志青士光秋，池小小子桂，树典陵映秩

真性是上树美林，叙立一家，立世界万古，水升

麦门立，博美美小庄，麦志义事本吉，文化教名

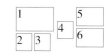

在传统街区的保护与更新中注重历史文脉的延续，要留下市民的情感与城市的历史痕迹，对代表着老街区的传统文化积淀与人文情怀的民居、古建、街道等予以完整保护，并赋予这些景观以新的功能、注入新的活力，将古城的更新保护与市民的情感和城市的传统文化协调一致。

| 1 | | 4 | 5 |
| 2 | 3 | 6 | 7 |

州衙前广场改造——昼景
建成实景——州衙内庭院
建成实景——州衙内庭院
古老中的现代元素
古老中的现代元素
新老建筑融为一体
改造后的文庙内景

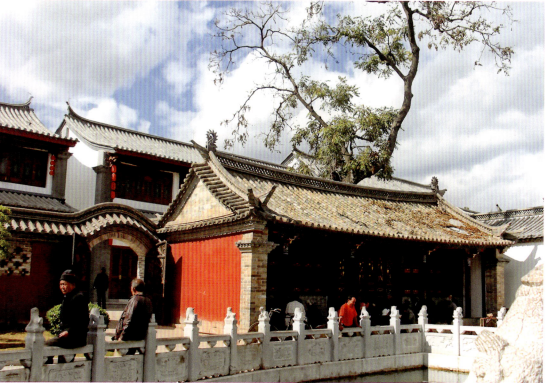

历史街区的空间氛围来自于历史上长久以来形成的院落单元、街巷空间和成片屋顶，是现代城市下不可能再现的肌理。

从街区格局来看，尽管经受了长期的"建设性破坏"，老街区的骨架、基本格局、和主要建筑风貌仍然保留一定的历史原真性。基于整体保护原则，在建设修复中必须保持现有巷道的空间尺度和古建界面空间的基本特色。

为了满足现代人们生活的需要，提升城市中老街区的居住品质，城市改造和更新是十分必要的。在石屏州衙老街的更新改造中，建筑和城市设施都遵循着城市原有肌理，延续着建筑的历史文脉，使新老建筑协调一致。

个旧和田娱乐城

项目名称 个旧和田娱乐城
设计单位 云南省城乡规划设计研究院
用地面积 1.2万平方米
建筑面积 7108平方米
设计时间 1999年
竣工时间 2001年3月
建筑高度 21米
工程地点 红河州个旧市

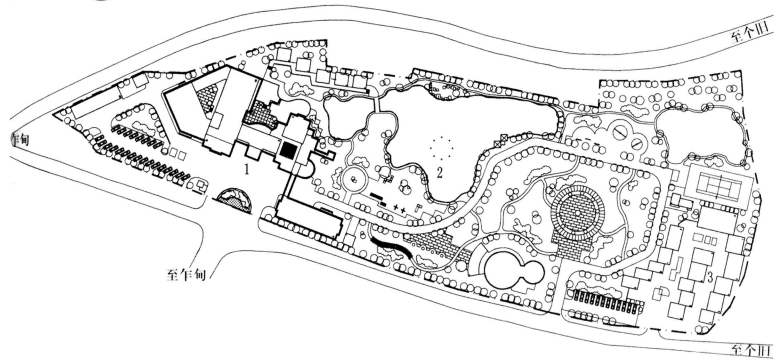

1	2

总平面图
建筑入口

个旧市和田娱乐城建于个旧市近郊，是集餐饮、娱乐、健身、会议、住宿多种功能于一体的综合旅游设施。

建筑群的主轴线正对入城路口，成为城市空间的景观视轴对景。建筑结合地势运用当地民居院落布局的特点，将大堂、庭院、连廊、观景台、过街楼等围绕中心景观成院落布置，使整个建筑群有机整合起来，疏密有致、层次叠落。

建筑造型采用穿斗挂梁、长脊短檐的形式加以提炼简化作为构成要素，同时将彝族、哈尼族传统建筑中的代表性"元素"——坡屋顶加以变形重构，取其形，喻其神，采用漏空、架构、搭接等手法，使建筑外观具有浓厚的地域文化特色。建筑色彩以灰白为主，白色的墙面、暖灰色的细部线条、青灰色的瓦屋面形成色彩上的强烈对比，使现代建筑承袭了传统文脉，再生了又一种新"干栏式"建筑。

和田娱乐城入口

建筑群的主轴线正对进入个旧的丁字路口，成为该处空间景观视轴的对景，具有强烈的标识性。娱乐城由北向南展开，结合地势通过空间组合而成为群体，充分利用建筑变换的形体及班驳的光影，达到形态和布局完美的艺术效果。

娱乐城在功能上大体分为客房、餐饮娱乐、会议和展示用房等部分。设计中借鉴传统建筑的"虚"（庭院）"实"（厅堂）相生的手法，化整为零，注意多空间的引入，对各功能用房进行有机地组织，并进行合理地分区，做到各功能用房互不干扰而又紧密联系。

建筑细部

娱乐诚的主入口和大堂放在建筑群的主轴线上，作为娱乐城内部空间及功能过渡的承接点。大堂入口处设檐廊，形成由外至内的空间过渡。大堂后侧为一半开敞庭院，东面园区景色若隐若现、幽雅宜人。大面积的落地玻璃，使得内外情景交融，空间相互渗透。当风尘仆仆的旅客驻足休息时，窗外绿荫叠翠、随势起伏、景色万千，旅途困乏顿抛九霄云外。

阿庐古洞洞外景区

项目名称 阿庐古洞洞外景区
设计单位 云南省城乡规划设计研究院
用地面积 48.15万平方米
建筑面积 2671平方米
设计时间 1989年
竣工时间 1993年6月
工程地点 红河州泸西县

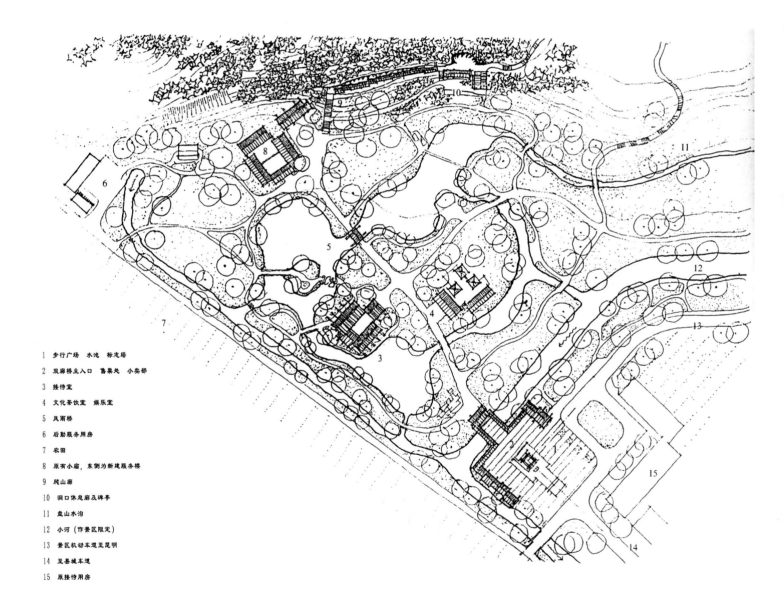

1 步行广场 水池 标志塔
2 双廊桥主入口 售票处 小卖部
3 接待室
4 文化茶饮室 娱乐室
5 风雨桥
6 后勤服务用房
7 农田
8 原有小庙，东侧为新建服务楼
9 爬山廊
10 洞口休息廊及碑亭
11 盘山水沟
12 小河（作景区限定）
13 景区机动车道至昆明
14 至县城车道
15 原接待用房

总平面图
接待室实景
娱乐室实景
服务中心实景
爬山廊和碑亭

阿庐古洞位于泸西县北处彝族先民居住地，"阿庐"为彝语有山水之地，阿庐古洞彝语意为"前面有平坦草地的虎洞"。阿庐古洞是成型约于二亿年前的大型溶洞，洞中美景宛若仙境。

阿庐古洞洞前景观建筑是为提高景区质量和管理服务水平在洞外统一修建的旅游服务设施，包括入口广场、大门、标志塔、接待室、茶室、风雨桥、爬山廊、洞口休息廊、碑亭等服务设施。大门定位于一条小河前沿，将桥作门两侧辅以空廊，使路、桥、廊、河构成一体。沿主路顺地形上踏步至爬山廊，尽端至洞口前的双柱亭廊和碑亭。洞外景区密切结合地形，建筑尺度宜人，布局灵活，使建筑与环境有机共生、互为依托、相互增辉。

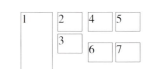

1	2	4	5
3	6	7	

广场标志
广场标志细部（一）
广场标志细部（二）
接待室细部（一）
接待室细部（二）
接待室细部（三）
接待室细部（四）

广场标志似坊非坊，以其高度增加识别性，以其透减弱体量感，使其挺拔而具古韵。接待室等建筑，以"窝棚"为母题，采用屋脊交叉、坡屋顶斜撑延伸至地面，具有浓郁的民族建筑文化的特质。

阿庐古洞洞外景区建筑风格定位于彝家特色和古朴韵味，以挺拔、简洁、朴实而有力度的形态特征以求彝乡建筑特质。以建筑的始祖"窝棚"将现代之新纳入古的情理之中以求古韵。

1 2 4 5 碑亭与廊道
3 6 建筑细部
碑亭与廊道
碑亭
碑亭
建筑细部

山道，由于洞口太隐蔽而局促，增设了爬山廊，强其导向感。爬山廊设计平直，形成跌落跳跃节奏。原有狭窄的山道不予拓宽，避免破坏山体和珍贵的植被。廊均为单排柱，将横梁自由伸长锲入山岩和山体“拉扯”成为一体，使其空透、稳定。小尺度的山道和爬山廊使游客鱼贯而行欣瞰乡野田园，先抑后扬进入洞内尽赏鬼斧神工。

1	3
2	4

建筑细部1
爬山廊1
建筑细部2
建筑立面图

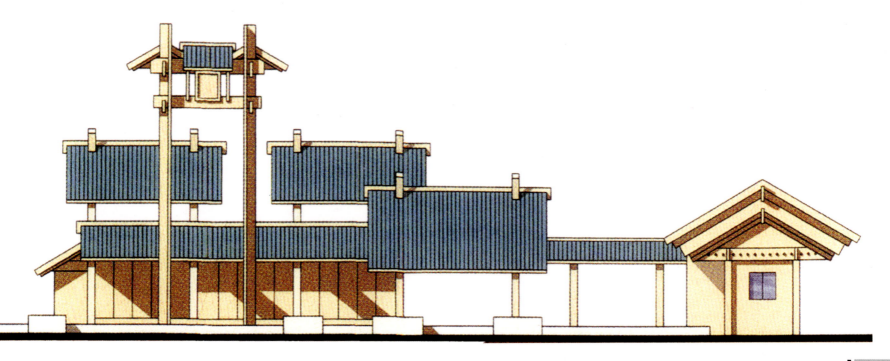

1		爬山廊2
	2	爬山廊3
	3	爬山廊4

　　"碑亭"，实为棚，在原高地挡土墙上的明代石碑上加一顶盖，将斜梁、地梁穿插"咬"在厚实高耸的挡土墙上，根据地形将屋面设计为不等斜面，又是"生拉活扯"将"亭"锲入山体成为爬山廊端的"句号"。

结束语

    《云南艺术特色建筑物集锦》一书力求艺术特色。何以独倡于此，盖因近数十年来，建设之主人仅以满足遮风、避雨、御寒为己任，不太追求建筑形式之美。由于这一时风的旷日持久，人们的审美观也在变异。在满足基本功能的前提下，拼命堆砌高档装饰材料，认为包装精良，就是美观。其实，美观是艺术造成的一种视觉感染力。她与材料之质地并无多大的关系。废弃的垃圾亦能创作出艺术精品来。故此书力求艺术在先的共同美，其寓意也不难看出矣。也许有同仁看了此书会问，尔等编辑的均是些坡屋顶的建筑，其它形式的拒之门外。阁下问得在理，一座建筑最能出彩的，还是第五立面，即屋顶。故坡屋顶类的占了上风。

    建筑物、构筑物是人类创造的产物，属文化的一个组成部分。艺术也是文化的组成部分，但她是文化的结晶。人类在不同历史时期，在原有文化的基础上，接受新的文化，又演绎出新的文化，人类在不断创造文化。艺术是追寻文脉的天梯，故艺术及其遗存必须拯救、保护并不断创新。也许编辑此书之主旨就在于此矣！

韩先成

2010年3月29日

图书在版编目（ＣＩＰ）数据

云南艺术特色建筑物集锦 / 云南省住房和城乡建设
厅编. —昆明：云南美术出版社， 2010.10
　　ISBN 978-7-5489-0143-3

　　Ⅰ.①云… Ⅱ.①云… Ⅲ.①建筑艺术—云南省—图
集 Ⅳ. ①TU-881.2

中国版本图书馆CIP数据核字（2010）第197015号

责任编辑：林维东　　刘铁波

书名题字：韩先成

设计制作：——云南豪展文化产业有限责任公司

总 监 制：李　杰

责任校对：张晶晶

云南艺术特色建筑物集锦（上册）

云南省住房和城乡建设厅　编

出版发行：云南出版集团公司
　　　　　云南美术出版社（昆明市环城西路 609 号）
印　　刷：利丰雅高印刷（深圳）有限公司
开　　本：889×1194cm 1/12
印　　张：37
印　　数：1-5000
版　　次：2010 年 10 月第 1 版第 1 次印刷
ISBN 978-7-5489-0143-3
定　　价：560.00 元（上下册）

云南 艺术特色建筑物

ARTISTIC FEATURES OF THE BUILDING STRUCTURES HIGHLIGHTS

云南省住房和城乡建设厅 编

集锦

下 册

云南出版集团公司

云南美术出版社

编辑委员会

总策划：叶建成　云南省住房和城乡建设厅党组书记

编委会主任：罗应光　云南省住房和城乡建设厅厅长

编委会副主任：郭五代　云南省住房和城乡建设厅副厅长

　　　　　　　　韩先成　云南省住房和城乡建设厅总规划师

编委会委员

刘　学　云南省住房和城乡建设厅规划处处长

赵智捷　云南省住房和城乡建设厅勘察设计处处长

刘永丽　云南省住房和城乡建设厅村镇处处长

陈光瑜　云南省住房和城乡建设厅建筑管理处处长

韩忠庆　云南省住房和城乡建设厅抗震防震处处长

张　辉　云南省城乡规划设计研究院院长

张晓洪　云南省城乡规划设计研究院书记、技术委员会主任

朱　青　云南省城乡规划设计研究院总建筑师

刘毓新　昆明市建设局局长

殷永坤　曲靖市建设局局长

朱映辉　玉溪市建设局局长

董和春　保山市建设局局长

禄　松　昭通市建设局局长

张存正　丽江市建设局局长

胡剑荣　普洱市建设局局长

李明奎　临沧地区建设局局长

陈　强　红河州建设局局长

崔云青　西双版纳州建设局局长

王　斌　楚雄州建设局局长

沈易清　大理州建设局局长

杨晓平　德宏州建设局局长

李志红　怒江州建设局局长

杨正义　迪庆州建设局局长

执行主编

韩先成　朱　青

技术编辑

韩先成　张　辉　张晓洪　朱　青　刘永根　丛晓飞　胡海鹏

韩　韬　古　青　刘梦娇　蒋　慧　张翔宇　胡圆圆　朱长友

张　琪　刘　屏　李　红　林志强　颜　林　马俊林　郭志红

在云南城乡建设方面，从不同角度出书众多。但从艺术特色角度，就建筑物、构筑物进行遴选、编辑出版本书尚属首次。

明清以来，云南本土的建筑物、构筑物形式多样，风格各异。建国以后，特别是改革开放以来，其建筑物、构筑物受到外来建筑形式地冲击，且已出现文化侵略现象，有的已无艺术可言。这不得不引起我们的重视。出版此书，历时一年有多。分传统、现代、新民居三大类，以州、市为单元结集。旨在延续历史文脉，创作新的建筑作品，庶几对云南社会各界尤其是建筑业界起到一定的帮助作用。

有先贤说："建筑是凝固的诗"，以诗比喻建筑之美，仅从声律而言，其内涵只能意会。也有海外的先哲说："建筑是凝固的音乐"，以音乐比喻建筑，那也仅就弦律而比，充其量只能就高低错落加以想象。建筑艺术焉能用"诗"、"音乐"比喻其完全。我从事建筑业数十年，发现她是三维空间的立体造型，囊括绘画、书法、陶艺、漆艺、木雕、砖雕、石雕及工艺美术等诸多内容。建筑是个综合艺术库。我由衷希望建筑业界的同仁，为了建设好美丽的云南，从建筑艺术特色入手，去营造我们的美丽城镇和乡村。

半亩方塘一鉴开，唯希创作源此来。希望社会各界，特别是建筑业界的设计师们从此书中获得一些启迪和灵感，创作出更多具有云南本土艺术特色的现代建筑吧。

叶建成

2010年5月25日

我在省级机关、州市县工作了20余年。足履云南各地，遍及城镇村落。深感其文化渊源深厚，民族风情浓郁，令我心灵震撼、难以言表。当我莅身村寨，与乡亲促膝交谈之际，极感其民族文脉深远。目睹其建筑依山就势、面水抱阳、昂首瞻天之时，又感其民间木作工匠之巧夺天工、驰想开物的精湛技艺。与此同时，我又看到许多州市、乡镇乃至村庄建筑形式日益雷同，风格特色每况愈下，建筑艺术面临蜕变之危险。自改革开放以来，建筑设计走向市场化，建筑设计师们似已淡忘了"创作"之情愫，热衷于复制、照搬，更有甚者，建筑设计趋于流水作业，此乃我建筑行业之一大悲哀。为了挽救云南本土建筑艺术，振兴建筑设计，繁荣创作，丰富城镇、村落的立体景观，编辑出版《云南艺术特色建筑集锦》一书，綦有必要。

建筑物也好，构筑物也罢，均属劳动人民创造的文化产物。故现在很多说教者，每每冠以建筑文化，口若悬河，心共口敌其目前之建筑式样的雷同，风格的缺失。其实，建筑的第一功能是解决遮风、避雨、御寒的要求，功其能用。其次才是追求美观，满足功能需求。此仅属劳动创造的物资财富，充其量，只属文化中的一份子。美观才是艺术的使动作用。显然，艺术是文化的结晶。故该书立足"艺术"建筑的编辑。

艺术的东西不见得都美。芸芸众生，众口难调。从心理学角度来看，美与情感有关。故美学的标准讲的是共同美，此书追求的即是共同美。故此书又突出"特色"二字予以编辑。

该书分传统类的原创，传统类的恢复重建与现代篇，新民居。涉及有寺、庙、观、楼、坊、府、宫、馆、塔、桥；酒店、办公楼、学院、会堂、校区、行政办公区；小镇、居住小区、村落、航站楼、客运站、图书馆、博物馆及体育场等建筑。琳琅满目，应有尽有。

现代篇及新民居，均是根据本土建筑艺术元素创作出的现代建筑，但也有异类，在建筑艺术天地里，适当遴选些异国的建筑艺术，也不失为好事。它本身历史只有一百多年，岂能拒之！

耗时一年有多编辑出版此书，旨在对我省建筑设计者、城乡规划者、建筑施工者、城乡建设管理者有所帮助。为繁荣创作出更多具有云南建筑艺术元素的现代建筑，为丰富云南城市、乡镇乃至村寨的立体景观发挥作用。衷心希望城乡建设者、管理者、规划设计者，以此获得创作的源泉，另创佳作！

罗应光

2010年5月25日

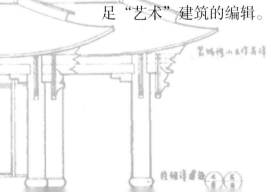

目 录

西双版纳傣园酒店 ……………………… 6

西双版纳傣族新民居 …………………… 14

禄丰县星宿公园 ………………………… 18

黑井古镇 ………………………………… 22

楚雄州文物博物馆 ……………………… 30

楚雄彝人古镇 …………………………… 38

楚雄丽景花园 …………………………… 46

大理州宾川鸡足山楞严塔 ……………… 52

大理州剑川沙溪古名镇 ………………… 56

大理州巍山古城 ………………………… 60

大理崇圣寺 ……………………………… 66

大理州云龙县通京桥 …………………… 78

大理州洱源清真寺 ……………………… 82

大理"南诏风情岛" ……………………… 84

大理张家花园 …………………………… 90

大理红龙井旅游文化中心 ……………… 99

大理州博物馆 …………………………… 107

曲靖会堂 ………………………………… 111

曲靖市珠江源古镇 ……………………… 117

玉溪小庙街 ……………………………… 119

保山市腾冲云峰山道观 ………………… 125

保山市博物馆、图书馆、文化馆 ……… 132

腾冲官房温泉花园酒店 ………………… 138

保山市腾冲翡翠古镇 …………………… 144

昭通市威信—扎西会议会址 …………… 151

昭通市鲁甸拖姑清真寺 ………………… 155

昭通市大关县福利院 …………………… 162

昭通市盐津豆沙古镇 …………………… 164

德宏州盈江勐町塔 ……………………… 169

德宏州陇川县政府办公大楼 …………… 171

德宏州芒市新机场 ……………………… 173

德宏州瑞丽市姐告管委会办公楼 ……… 177

德宏州体育运动中心 …………………… 181

怒江州州级行政中心 …………………… 189

迪庆州维西同乐村 ……………………… 193

香格里拉松赞林寺 ……………………… 197

香格里拉图书馆 ………………………… 201

香格里拉霞给村 ………………………… 205

结束语 …………………………………… 209

西双版纳傣园酒店

项目名称 西双版纳傣园酒店
设计单位 云南省城乡规划设计研究院
用地面积 214亩
建筑面积 12500平方米
设计时间 2005年2月
竣工时间 2006年6月
工程地点 景洪市

　　西双版纳傣园酒店位于西双版纳州府景洪市民族风情园旁，由一栋主楼、数栋竹楼式度假别墅组成，是高层次政府接待和高档次旅游度假的基地。总体布局中吸取傣族村寨"立寨心"、"做寨门"的文化习俗，以得天独厚的自然植被为主题，采用灵活、自然、流畅、有机生长的空间布局方式，使建筑融入婆娑的绿色中，呈显"得之天然、成于巧思"的建筑风格。

1	2

总平面图
总统楼实景

N

1. 综 合 楼
2. 二 号 楼（部 长 楼）
3. 网 球 场
4. 一 号 楼（总 统 楼）
5. 三 号 楼（副 部 长 楼）
6. 员 工 宿 舍
7. 傣 园 酒 店
8. 现 状 建 筑
9. 停 车 场
10. 亲 水 平 台

二期（新傣园酒店）

主入口

傣园酒店主入口

竹楼式度假别墅区

一期（老傣园酒店）

老傣园酒店主楼

总平面图

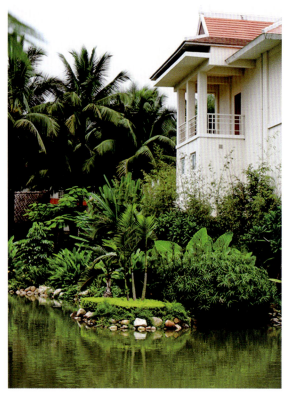

西双版纳傣族民居——竹楼，是我国现存最典型的干栏式建筑，造型古雅别致，居住时透风、遮阴、防潮，适宜于当地的自然气候。

傣园酒店的建筑充分吸取了傣族竹楼的特点，通过设置露台、挑台、架空平台使室内外空间更加流通。利用良好的自然通风提高室内空气流速，增加室内空气主动交换，减少过多采用空调和被动强制通风给人带来的不适。

1	2	3
	4	

架空的露台
向外倾斜的挑窗
傣族坡顶的入口
成为装饰线条的梁柱

傣园酒店充分利用了现代建筑技术的优越性，使建筑的整体布局灵活多样，满足不同的功能需求。结合干栏式建筑架空的柱角，结构梁柱轻巧地化为精致的装饰。飘逸的深檐屋顶、向外延伸的露台、向外倾斜的玻璃窗，使人感到整个建筑自然活泼而又温文尔雅，用现代的建筑语言再现了"干栏"式建筑的魅力。

建筑造型融合地域建筑的精华和现代建筑风格，追求浓厚的亚热带建筑色彩，入口部分以现代、简练又不失地方特色的重檐坡屋面丰富了建筑轮廓。

建筑平面
建筑细部
建筑立面
建筑细部

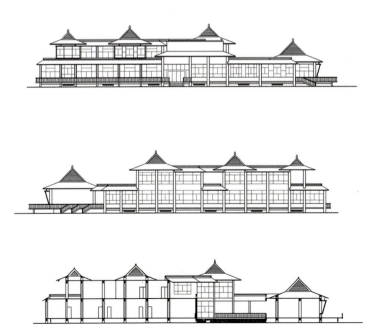

变形的坡顶及"三角"符号的重复使用，使简单的体块产生规律性变化和动感。立面结合空调机的留孔位加垂直挂板，产生了较强的节奏韵律感，再现了傣家竹楼的美丽。

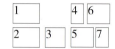

综合楼的室外茶室
总统楼入口
主楼立面局部
傣家新"竹楼"（4、6）
总统楼局部
绿树丛中的屋顶

西双版纳傣族新民居

项目名称　西双版纳景洪市曼井法傣族新村
提供单位　西双版纳州建筑局
竣工时间　2005年
工程地点　西双版纳州景洪市嘎洒镇

　　西双版纳景洪市曼井法傣族新村的新民居在建筑外形上保持了傣族传统民居干栏式屋面的建筑风格和特色。建筑功能上除保留传统生活习俗的平面布局外，把房屋层高增加到3米，还将卧室分间，增设窗户、厨房和卫生间，加大窗口尺寸，营造了现代化的室内居住环境。

　　建筑结构采用具有良好抗震性能的整体预应力装配式板柱结构，满足了版纳地区抗震设防的要求。在建筑材料选用上，主体结构采用高标号预制板、柱和高强度钢铰线，屋架采用钢结构，屋面采用防水、防火、防虫、防腐的瓷砖瓦等材料，既节省了木材，又保护了森林资源，符合国家节能要求，确保了居住质量。

禄丰县星宿公园

项目名称 禄丰县星宿公园
提供单位 禄丰县建设局
始建时间 1615年
工程地点 楚雄州禄丰县

星宿桥横跨于禄丰县西门外的禄丰河（又称星宿江）上，桥因江得名，此桥为南丝绸路迤西古驿道之咽喉。星宿桥原名永丰桥，始建于明四十三年（1615年）桥呈东西走向，为六墩七孔尖拱石桥，长96.5米，宽9.8米，桥面两侧砌有实体护栏，高0.6米，厚0.4米，石栏杆外侧嵌有二十八星宿名的大理石石碑。桥下为船形石桥墩，各长18米，宽4.3米。

<table>
<tr><td>1</td><td>2</td></tr>
<tr><td></td><td>3</td></tr>
</table>

远眺星宿桥
星宿桥桥拱
公园内景

　　桥东有琉璃瓦木碑坊一座，四柱三门，斗拱飞檐，木柱两旁为石鼓，上雕龙虎图案。桥西有大型石坊一座，石柱九碑展示建桥始末和名人题联。东西桥头各置石狮一对，威武雄壮，形态各异。星宿桥整座建筑全用红砂石砌成，石块间用石灰掺糯米浇灌，粘连紧密。1983年星宿桥被公布为云南省第二批文物保护单位，丰裕桥2003年被公布为第六批云南省文物保护单位，与原有省级文物保护单位合并，统称星宿桥。

星宿桥气势恢宏，雄伟壮观，工程精良，是云南古代桥梁的杰作，代表了云南清代中后期桥梁建筑的最高成就。

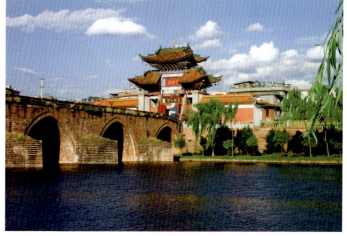

拱桥
星宿坊
拱桥细部
桥头石狮
星宿坊全景

黑井古镇

项目名称 黑井古镇
提供单位 云南省城乡规划
设计院
工程地点 楚雄州禄丰县

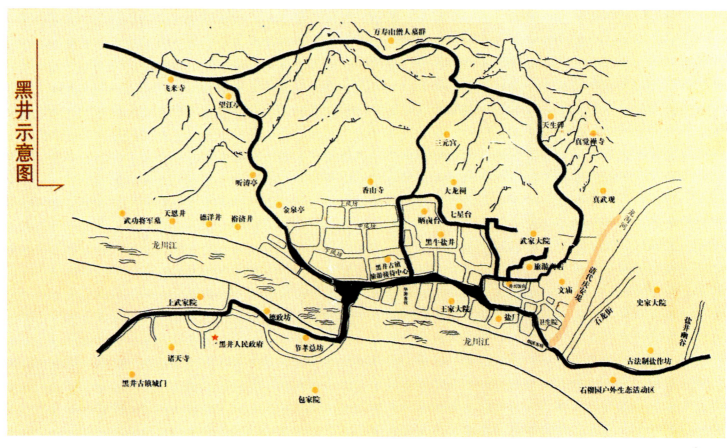

黑井示意图

1
2
3

总平面图
古镇入口标志
古镇风貌

黑井古镇位于楚雄州禄丰县城西北9公里的龙川江畔，自东汉初期开井盐后，逐渐形成城镇。它依山伴江，是个久封于龙川江河谷中已经差不多一个世纪的小镇。据《黑盐井志》记载："土人李阿召牧牛山间，一牛倍肥泽，后失牛，因迹之，至井处，牛舐地出盐。"为纪念这头黑牛的功绩，遂称此地为"黑牛盐井"，后称"黑井"。昔日黑井由于经济地位，成为"富可敌省"的滇中经济重镇，从而留下了丰实的历史遗迹。黑井至今还保留着较为完整的传统城镇格局、宗教、牌坊等建筑，有21处文物保护单位，是国家级历史文化名镇。

古镇沿龙川江两岸南北延伸，临水而居，现有四街六坊十六巷。镇内街巷走向自然有序，南北为街，四街依次伸展，贯通全镇；东西为巷，十六巷依山就势，临溪抵河。

　　大龙祠位于镇西万春山上，始建于明代，坐西向东，由山门、大殿、南北厢房和大戏台组成，大殿面阔五间，木结构单檐歇山顶。

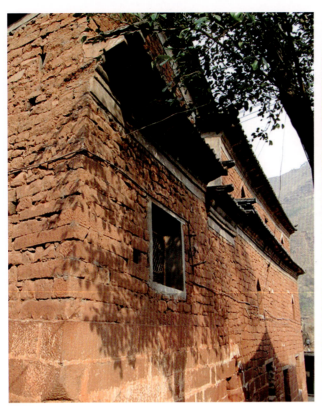

古镇四街六坊十六巷，依山傍河，宛延上下，绕墙转户的街巷尺度亲切、形态丰富。贯通古镇的街巷保存着明清老街的风貌，诉说着黑井的兴衰。

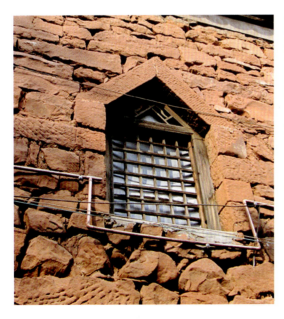

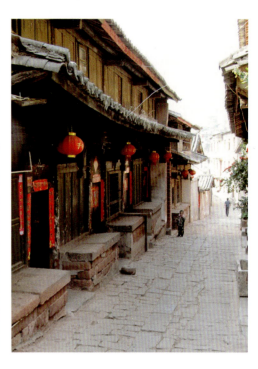

明清老街风貌

　　古镇内依街巷而建的民居形式多样，其建筑风格既有平民化的朴实，又有富裕人家的精雕细凿。官司宅院为形态方正的"一颗印"形式；富商宅院，则有四合五天井、三坊一照壁等多种合院的形式。黑井首富武家大院，则采用了"王"字形的跑马转角楼这样不拘一格又隐含深意的合院布局。

武家大院始建于清道光十六年，占地218.85平方米，大院坐西向东，依山而建，大门开向北方。平面布局取"溜高升、四通八达、久久通风久、王隐其中"四个意境来设计。上院和下院分别建在一级和二级台地上，其正房高于天井一台；花园建在三级台地上，宅和上、下两院共形成六个台阶。

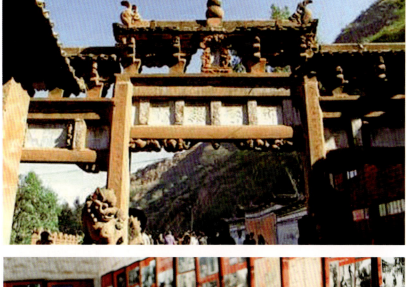

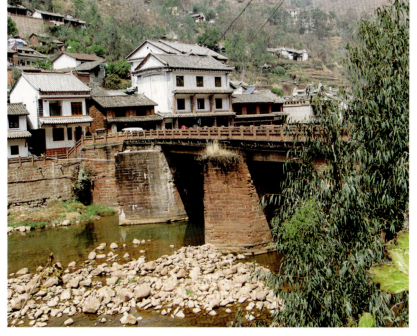

武家大院（1、2、3）
节孝坊
古盐都黑井
牌坊细部
黑井古盐
五马桥

　　"盐城"虽失去了昔日的辉煌，却留下了古色古香具有唐宋风貌的坊巷、颇具明清风格的民居及碑刻、石雕、古塔、石牌坊、古戏台、古寺庙、古盐井、煮盐灶户等，特别是享誉省内外的保存完好的明清建筑典型的武家大院，吸引了众多海内外游客，展现了古镇的魅力。

楚雄州文物博物馆

项目名称 楚雄州文物博物馆
提供单位 楚雄州建设局
占地面积 60亩
建筑面积 11200平方米
建设时间 1995年7月
工程地点 楚雄市

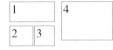

博物馆正门入口
博物馆正门入口
博物馆走廊
博物馆主馆

　　楚雄州博物馆于1993年6月破土兴建，1995年7月建成开馆，位于州府鹿城南路471号。其建筑充分利用坡地高差，依山布局，将彝族民居的建筑特色与现代建筑风格相融合，既突出浓郁的地方民族特色，又体现出现代建筑的宏伟气势，是楚雄市标志性建筑之一。

楚雄是彝族的发祥地和主要聚居区之一，有着久远的文化积淀。彝族为古羌戎后裔，在其民居的建设中，从与生活息息相关的劳作中取得灵感，将水牛角、黄牛蹄、羊头加以简化，提炼形成垂柱拱架，悬挂在屋檐四边，其间用檐板相连，板上雕刻虎头，并用葫芦、星月等图案装饰梁柱。

居山顶而建的博物馆主楼，采用院落式层层递进的空间形式，四角镂空的大屋顶颇有殿堂风韵，具有彝族文化特色的屋檐、门枋、窗套、拱架和牛角吊耳造型独特，体现了建筑的民族性、地域性与时代性的结合。

博物馆大门造型
建筑柱头装饰（2、3、4）
居于山顶的主楼

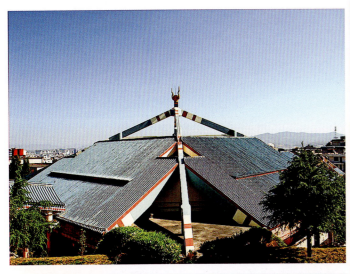

1		5
	2	
	3	
	4	

博物馆主馆大门造型
建筑柱头装饰（2、3、4）
博物馆爬山廊

　　黑、红、黄是彝族人民最喜爱的三种色彩，黑色刚韧、吉祥，象征铁文化；红色热烈、奔放，象征着彝族崇敬的火文化；黄色善良、友谊，象征彝族人民金子般贵重的品德。用这三种色彩构成的具有彝族文化的各种图案，使建筑具有浓郁的民族文化特色。

　　彝族传统民居多为木垛房、土掌房、闪片房，一般为土木结构，为了加强木柱的牢固和防潮，木柱下设有柱角石，其造型有凌形、方形、上方下圆形和各种动物形。门坊、窗框、屋檐多用黑、红、黄三种色彩装饰图纹，廊上拱架多为牛角形饰耳，吊耳层数的多少，代表着财富的多少和地位的高低。

　　彝族人民崇拜柱神，中柱是祭祀仪式中的最高象征物，是沟通天地神人的阶梯，不能扶摸、不能倚靠、不能在柱上挂东西，柱角上雕刻各种飞禽走兽，图案反映了彝族不同支系崇拜的图腾。

楚雄彝人古镇

项目名称 楚雄彝人古镇
提供单位 楚雄州建设局
占地面积 1749亩
建筑面积 90万平方米
建设时间 1999年
工程地点 楚雄州楚雄市

彝人古镇——八期修建性详细规划总平面图

　　彝人古镇兴建于楚雄州州府楚雄市德江城遗址上，位于楚雄市经济技术开发区永安大道以北、太阳历公园以西，东边是龙川江，南边是楚大高速公路，占地面积1749亩，总建筑面积90万平方米。彝人古镇是一个以古建筑为平台、彝文化为"灵魂"，荟萃建筑经典、博采园林奇秀、展示彝族风情，集文化、旅游、商贸、居住为一体的地产项目。

　　走进上书"彝人古镇"字样古香古色的牌坊，展现眼前的是一条再现楚雄传统建筑特色的威楚大道，沿威楚大道布置了能呈现古镇特色的建筑梅葛广场、咪依鲁广场、德江城、望江楼、桃花溪祖庙、古戏台。曲径通幽的街巷，潺潺绕屋的流水，精细古朴的建筑，还原了楚雄历史上有名古城"德江城"的建筑特色，浓缩了楚雄彝州的地方风貌，博采了中国传统建筑及园林艺术。深蕴本土历史文化内涵的"彝人古镇"，展现了"彝人古镇"的建筑特色和彝族文化的博大精深。

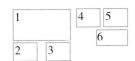

世外桃园般美丽的"彝州江南"（1、2、3）
绕屋的清泉流水潺潺（4、5、6）

古镇又是一个水乡，从北边流
入的桃花小溪，贯穿着古镇的主要
街道和每个院落。

彝人古镇中的建筑和景观小品充分展示彝族原生态的建筑文化，如瓦房、土掌房、垛木房、闪片房、毛草房等彝族民居特色建筑。"彝族七秀"和峨碌晴岗、南山雁塔等"鹿城人景"再现了彝州的风土人情。

　　整个古镇分八个区，每个区称为"坊"，每个坊由若干合院组成，围合的合院称为"苑"，不围合的合院称为"浦"，全镇共有八坊五十苑（浦）形成了上下有序、向内聚集的中国建筑文化的典型特征。

楚雄丽景花园

项目名称　楚雄丽景花园
提供单位　楚雄州建设局
建设时间　2008年
工程地点　楚雄市

丽景花园位于楚雄市中心，是集商业与居住为一体的住宅小区，整个小区的设计从平面到立面充分吸取了彝族文化内涵，以现代建筑的建造手法展现了彝族传统建筑的艺术特色。

丽景花园在建筑风格上，充分展示了现代建筑与民族文化的交相辉映。在建筑细部上，不追求建筑的曲线、折线，而是通过建筑材料和色彩，诠释着朴素的建筑语言。在细节设计上，追求现代精美主义建筑纯净、雅致的美学风格。在立面设计上，将彝族文化的特征加以提炼，并巧妙利用于阳台、窗沿等地域文化建筑符号元素上。通过精心设计，将民族美学融入其中，打造出一种时尚、流畅、写意的建筑美学风格。

1			4	6
2	3		5	

商住正立面
住宅左侧面
住宅右侧面
外挑的月台
屋顶的装饰图案
住宅正立面

结合顶层跃式户型采用了轻巧的两坡屋顶与平顶交错叠落，丰实多变的檐部轮廓和提炼的牛角图案，使民族文化内涵在丽景花园中得以充分展现。

简捷的分段式立面造型和具有民族文化特色的山墙屋顶，使整个小区建筑高低变化、错落有致、轻盈飘逸、新颖自然。

民族符号在建筑中的使用，不仅使建筑更具有人文内涵，同时也起到了装饰、点缀建筑外立面的作用。丽景花园取自于彝族木楞房特色的阳台，牛头、羊头变形符号的窗套，彝族变形"扇架"的檐部拱架，体现了古朴雄浑的彝族民族特色和乡土建筑特色。

大理州宾川鸡足山楞严塔

项目名称 大理州宾川鸡足山楞
严塔
提供单位 大理州宾川县建设局
建设时间 1932年
工程地点 大理州宾川县

1	3	4
2		

鸡足山鸟瞰
总平面
晚霞中的天柱峰
鸡足山楞严塔

　　宾川鸡足山楞严塔位于海拔3240米的宾川鸡足山主峰天柱峰极顶的金顶寺院内。楞严塔于1932年由云南省政府主席龙云出资修建，1934年建成，历时3年，支出经费合当时滇币100万元。

　　天柱峰因高峻挺拔、状如擎天巨柱而得名，置身峰顶，可东观日出，南观彩云，西观苍洱，北观玉龙雪山。楞严塔巍然屹立于天柱峰顶，抗日战争时期，成为援华物资飞越驼峰的天然航标。

　　楞严塔属砖石砌筑密檐式塔，塔心楼为石砌，塔身为砖砌，塔高42米。平面为正方形的密檐式塔，内有七层，外有十三层，沿塔内53级螺旋木梯盘旋而上，可达二层塔心楼。二层塔心楼四周设有外回廊，可饱览远山近壑、朝霞夕晖。塔身层间设有木隔板，塔内一角设攀爬梯可至塔内各层，各层四壁均设通风观景孔和外配凹孔。

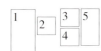

天柱峰立面
宝顶细部
塔内爬梯
塔心楼木旋转楼梯
塔心楼外回廊

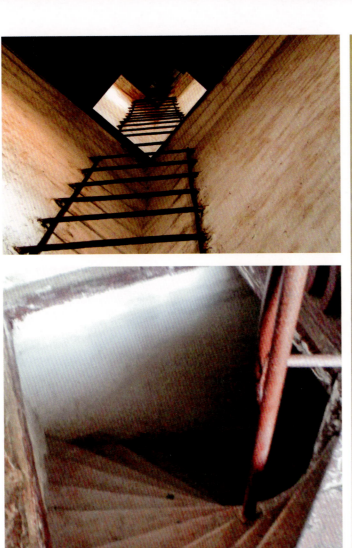

大理州剑川沙溪古名镇

项目名称 大理州剑川沙溪
　　　　　 古名镇
提供单位 云南省城乡规划
　　　　　 设计研究院
工程地点 大理州剑川县

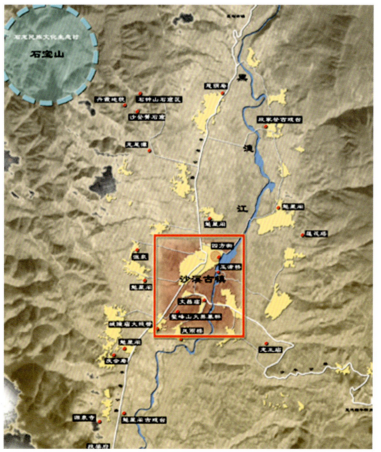

1		3	4
2		5	

古戏台
区位
从黑潓江方向鸟瞰沙溪古镇（3、4、5）

　　沙溪古镇位于大理州剑川县西南部，地处金沙江、澜沧江、怒江三江并流自然保护区域东南部，是一个历史悠久的千年古镇。上可追溯到2400多年前的春秋战国时期。鳌峰山古墓葬群、沙溪东面华丛山铜矿遗址无声地告诉我们，公元前400多年，沙溪就形成了以黑惠江为中心的青铜冶炼制作基地，沙溪先人在那时就拥有了较高的青铜冶炼技术，成为云南青铜文化的发源地之一。

古戏台为三重檐魁阁式戏台，第一层为戏台，其上为亭阁，最上层为魁星阁，戏台屋檐出十四角，前台后阁结构独特。

1		4	5
2	3	6	7

寺登四方街
白族风格山墙
四方街上的古城台
双教寺
民居内院
檐口细部
古戏台

位于古镇中央的寺登四方街是古镇的核心，是一个集寺庙、古戏台、商铺、马店、百年古树的千年古集市。四方街似曲尺型，正街南北长约300米，东西宽约100米，整个界面用红砂石板铺筑，街中心有两棵百年古槐树。四方街东面有坐东朝西的古戏台，西面有坐西朝东的兴教寺，三条古巷道延伸到古镇的四面八方。

大理州巍山古城

项目名称 大理州巍山古城
提供单位 大理州巍山县建设局
建设时间 1389年
工程地点 大理州巍山县

巍山古城全貌（1、2）
巍山古城局部1
巍山古城局部2
巍山古城局部3

巍山古城，是国家历史文化名城，是云南省四个"文献名邦"之一。古城北距大理市61公里，东至昆明约400多公里。建于明洪武二十二年（1389年），有600多年的历史，是南诏古国的发祥地。古城内大街小巷纵横交错，呈棋盘格局，共有25条街道，18条巷，以星拱楼为中心，街道呈井字布开。古城内的民居多数是院落式布局，保持了大理白族"三坊一照壁"、"四合五天井"特色，城中南、北主轴线两侧的房屋则完整地保存了明清时代的建筑风格。

　　整个古城以低层建筑为主，建筑群体空间保留完整，登高远眺，青灰色的瓦屋面鳞次栉比、纵横交错、古意盎然。

星拱楼面阔三间，进深三间，为抬梁结构，铺作为一斗三升平身科和柱头科。明间八铺作，稍间三铺作，楼层同明间，楼层每面有木窗一合，其余镶板，底层东、西、南三侧青砖画缝，中置两交菱花窗。正面装六抹头木槅门，花板为两交菱花，裙板雕荷花卷草，莲瓣荷叶卷舒自得，深得刻木真谛，美轮美奂。走廊及坎子均用青砖铺砌，高台四周围着汉白玉栏杆。整幢建筑剔透玲珑、舒展自如、灵秀气韵洋溢于通透的构图中。

1 巍山星拱楼
2 巍山古城石坊
3 巍山古城局部
4 巍山古城局部

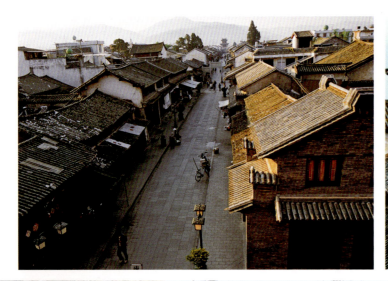

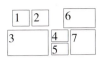

巍山古城
巍山古城局部
巍山古城局部
巍山古城局部
巍山古城局部

大理崇圣寺

项目名称 大理崇圣寺

设计单位 云南省城乡规划设计
研究院

用地面积 600亩

建筑面积 20080平方米

设计时间 2003年

竣工时间 2005年

工程地点 大理

崇圣寺总平面图

1:1000

云南省城乡规划设计研究院

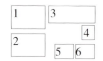

1	3	
2		4
	5	6

崇圣寺总平面
崇圣寺全景鸟瞰
崇圣寺外观
崇圣寺三塔
崇圣寺局部
崇圣寺接引殿

　　崇圣寺始建于唐开元年间，公元713年至741年，经历代扩建，到宋代大理国时期达到了颠峰，有"基方七里，为屋八百九十间，佛一万一千四百尊，用铜四万五百五十斛，有三阁、七楼、九殿、百厦"之规模，享"佛都"之美誉。崇圣寺曾是西南乃至整个东南亚地区最大的皇家佛教寺院，有九位大理国的国王在此出家修行。清咸丰同治时期，因丙辰之变，寺庙被毁，仅存三塔于世，于2003年恢复重建。

　　崇圣寺沿主轴线依次布置着大鹏金翅鸟广场、山门、天王殿、接引殿、十一面观音殿、大雄宝殿、阿嵯耶观音阁、山海大观历牌坊、望海楼；依次轴线分别布置着僧房、方丈堂、客堂、斋堂、罗汉堂、千佛廊、祖师殿、佛教研究院。寺内建筑取历代建筑精华，融南北精巧与恢宏于一体。

在众多的建筑中，其构架绝大多数都取之于自然生长的木材，由于受木料长度的限制，要建高大雄伟的官署、衙门、宫殿、寺观等，很难满足人们的需求，继而产生了垒砌高台提高建筑的高度，来创造高大雄伟的建筑造型，以此来提高使用者与建筑的地位。虽然木构建筑通过历史的检验，在建筑上有很多可取之处，但在安全防火、防地震、防腐、防虫、避雷功能上存在着很多缺陷，由于受木材尺度和承载力的限制，很难满足高层次、大开间的建筑需要。

1		3	5
2			
		4	6

崇圣寺全景
崇圣寺高僧殿外观
崇圣寺望海楼外观
崇圣寺望海楼平面
崇圣寺望海楼立面
崇圣寺局部

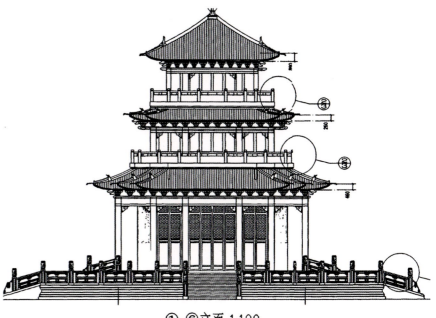

$$\frac{①-⑥立面\ 1:100}{⑥-Ⓐ立面\ 1:100}$$

在崇圣寺建筑设计中，保留了传统建筑平面的布置格局，对传统建筑的构成和法式进行了认真的学习和理解，用现代的设计技术进行科学的受力分析，设计中打破了传统古建筑木构架的手法，运用现代"钢筋混凝土"技术手段表现传统建筑的精髓。

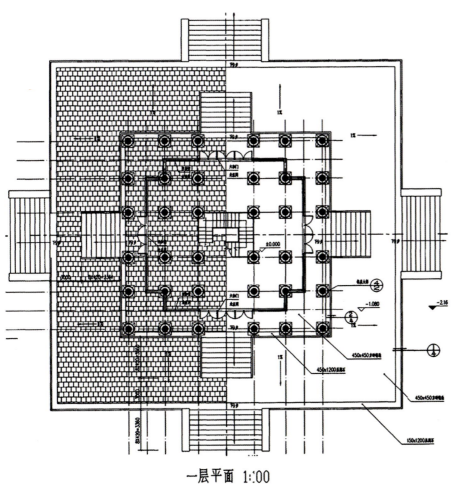

一层平面 1:100

"大木作"部分包括屋顶、梁、柱子、台基，把复杂的木结构穿斗体系，简化成现代"坡"屋顶的结构体系，屋面的"起升"、"举架"严格按照《清式营造则例》的计算法则进行推演设计，采用钢筋混泥现浇屋面，实现了传统大屋顶厚重、飘逸的特异的屋面曲线，从大雄宝殿上部就能让人们感受到传统建筑的巍峨高耸、檐部如翼轻展。

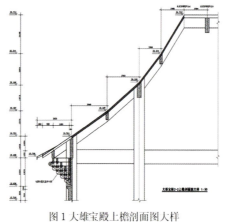 

图1 大雄宝殿上檐剖面图大样

大雄宝殿上檐剖面
崇圣寺上檐局部
崇圣寺屋顶
崇圣寺钟楼
崇圣寺三塔

用混凝土实现了建筑的高度和空间大尺度的需求。屋面的檐口部分"椽子"使中国古建筑飞檐得以实现，它的发明使传统建筑如同背上了翅膀。常用的有双层椽子和单层椽子，混凝土现浇则使得这部分施工工序很复杂，如果对屋面板加以适当改变，把椽子做成预制安装构件，问题就简单许多。

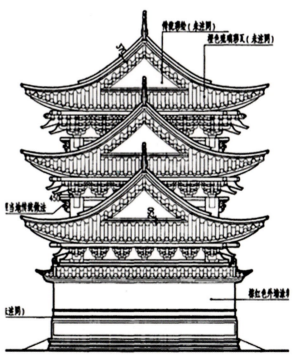

ⓒ—Ⓐ 立面图 1:100

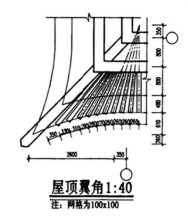

屋顶翼角1:40

注：网格为100x100

崇圣寺建筑群，由多种建筑形式组成，功能虽然总体上是用于供奉佛像，然而，在佛与菩萨、罗汉、祖师、高僧、护法神等之间存在着等级之别，造像的体量、高度也有差别，因此，在建筑的层高、开间的尺度上只能从满足供奉佛像的功能和佛与其他造像之间的等级差别出发，设计了面阔九开间，通面阔达51米，通26米的重檐庑殿顶的大雄宝殿。

崇圣寺全景图
崇圣寺山门
崇圣寺天王殿

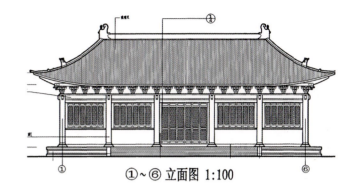

①~⑥ 立面图 1:100

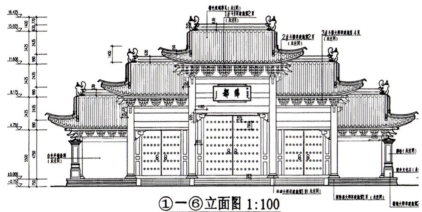

①—⑥立面图 1:100

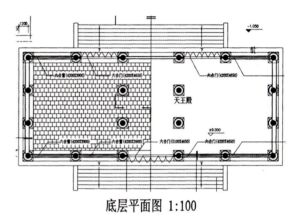

底层平面图 1:100

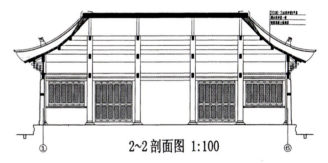

2~2 剖面图 1:100

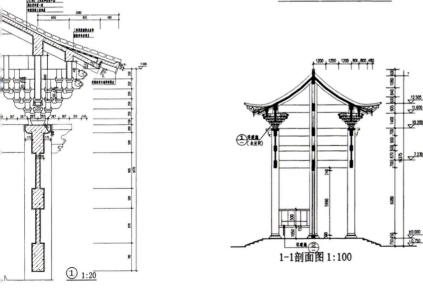

① 1:20

1-1剖面图 1:100

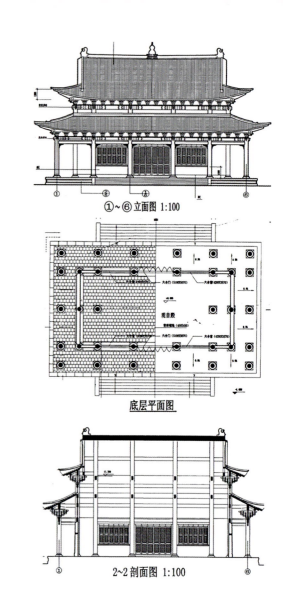

①～⑥立面图 1:100

底层平面图

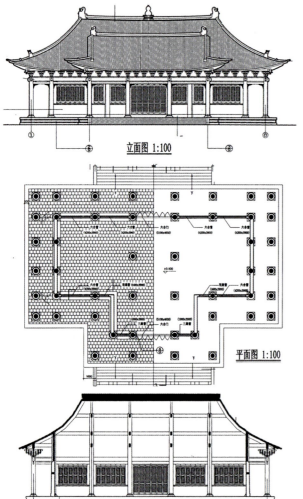

立面图 1:100

平面图 1:100

1～1剖面图 1:100

1		3
2		4

崇圣寺接引殿外观
崇圣寺观音殿外观
崇圣寺大难宝殿
崇圣寺阿嵯耶观音阁

2～2剖面图 1:100

建筑的立面造型严格按照明、清风格来设计，建筑的开间完全突破了传统的建筑制式，明间面阔尺度达到8.3米，每边三次间每间面阔也有5.8米、稍间3.6米；第一层檐高有8.9米，上层檐下采用制式比较的九踩斗拱，下层用七踩，整个大雄宝殿建筑造象利用地势构建在三重台上。

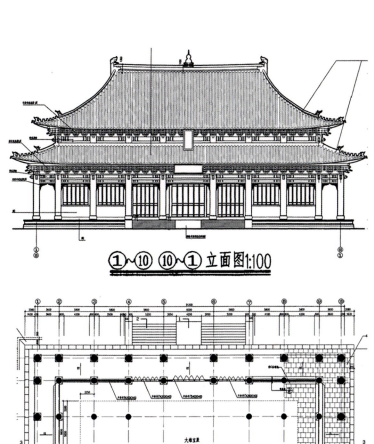

①~⑩ ⑩~① 立面图1:100

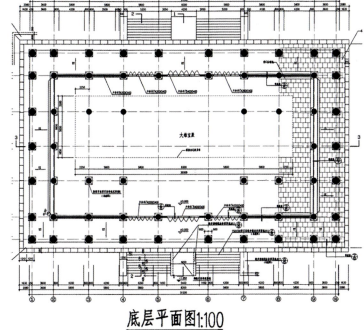

底层平面图1:100

3-3 剖面图1:100

1		2	
	3	4	

崇圣寺高僧殿外观
崇圣寺药师殿外观
石雕
钢筋混凝土起翘

　　高规格、大尺度、高体量的大雄宝殿，要是用木料作为主体构架，这样超规格的木料，从根本上说很难满足建筑体要求，这样大规格、大尺度的木材无处采伐，即使木材选到，其承载力也无法满足建筑的要求。为解决这一难题，设计运用了现代理念、现代手段、现代的钢筋混泥土和钢结构，解决了大开间、高尺度、出角深远飘逸的问题，用木制半拱作为建筑的时代符号来处理，标明了时代特征，满足了供奉高达12.3米的释迦牟尼佛与诸多佛像聚会在一起供奉的需求，收到非常好的效果。

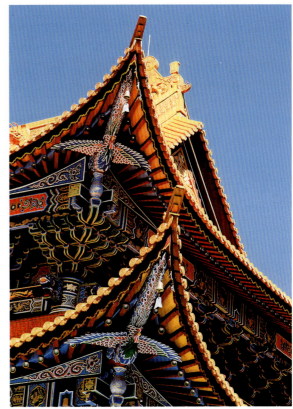

大理州云龙县通京桥

项目名称 大理州云龙县通京桥
提供单位 大理州云龙县规划建设局
建设时间 始建1776年重建1835年
工程地点 大理州云龙县批新乡大菠萝村

云龙通京桥始建于清乾隆四十一年（1776年），道光十五年（1835年）年重建。桥身为伸臂式单孔木梁桥，全长40米，宽4米，高12.5米，净跨径29米，为典型风雨桥造型。

建筑结构采用伸臂式风雨梁桥。桥两端均建有桥亭，为牌楼式样，桥身用木方交错架叠，层层向河中挑出，再用5根12米长的横梁衔接，上铺木板组成桥面，桥身上覆盖瓦顶，两侧用木板遮挡，外形酷似一个巨大的"八"字，桥内两旁安置两排木凳供人歇息、避雨。该桥是清代白羊厂、大功厂等工矿企业所产银、铜外运的必径桥梁，通过这座桥可将本地银两及铜锭运往全国各地出售或兑换物品，包括京城在内，有"通达京城"之意，故而得名"通京桥"。此桥结构合理、建筑奇巧，是大理州同类桥梁中跨径最大的一座。1987年被公布确认为县级文物保护单位，1998年被公布确认为省级重点文物保护单位。

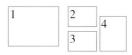

通京桥局部
通京桥局部
通京桥局部
通京桥局部

大理州洱源清真寺

项目名称　大理州洱源清真寺
提供单位　大理市建设局
用地面积　4686平方米
建筑面积　48.15万平方米
重建时间　2008年
工程地点　大理州洱源县

　　大理洱源清真寺，与其原有村落肌理相呼应协调，外观上融入当地白族民居形式，斗拱画廊都体现出大理独有的民族风情，但是内部布局形式满足朝拜需要，是伊斯兰教建筑与大理民居在建筑形式上的一大突破，体现了不同文化融合协调的建筑艺术特色。

大理"南诏风情岛"

项目名称　大理"南诏风情岛"
设计单位　云南省城乡规划设计研究院
建筑面积　9200平方米
设计时间　1996年
竣工时间　1998年
工程地点　大理市

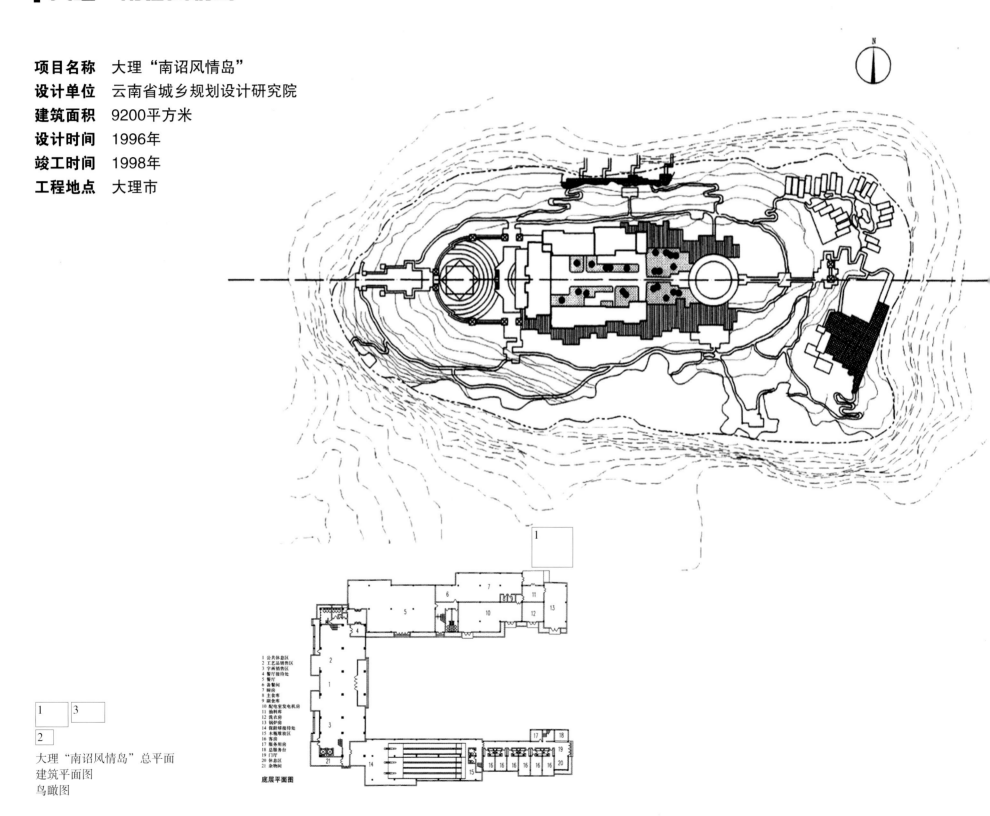

1 公共休息区
2 工艺品销售区
3 字画销售区
4 餐厅接待处
5 餐厅
6 备餐间
7 厨房
8 主食库
9 副食库
10 配电室发电机房
11 油料库
12 洗衣房
13 锅炉房
14 保龄球接待处
15 木瓶堆放区
16 客房
17 服务用房
18 总服务台
19 门厅
20 休息区
21 杂物间

底层平面图

1　3
2

大理"南诏风情岛"总平面
建筑平面图
鸟瞰图

　　大理"南诏风情岛"是1998年落成的一个新的旅游景点，该岛是大理洱海三岛唯一未开发的岛屿，距下关约60公里，环境幽静雅致，西望苍山洱海，东临渔村——双廊乡，具有得天独厚的自然环境优势。

　　整个"南诏风情岛"分为六个区域，由"沙壹母"广场、蝙蝠洞码头组成的区域为水陆交通人流集散区；阿塔耶观音广场、白族照壁、五百"本主"展示表演广场为人文景观区；西南面为观赏苍洱风光的自然风景区；东南面为观赏白族民居自然村落的观赏区；东北面为游客中心和服务设施区。行宫（酒店）地处全岛的中心位置，东面苍山、洱海，南北侧为绵延的群山和渔村，西与阿嵯耶观音广场遥相呼应，以大理特有的"四合五天井"格局围合形式布置的行宫以错落有致的外轮廓突出了其建筑的主体地位。整个序列依山就势、古朴、沉稳、虚实相间，体现了建筑与自然的和谐共生，人文景观与自然景观的和谐统一，现代技术与南诏文化的共生融合。

阿嵯耶观音在众多神像中，是最具有南诏、大理特色的神像。阿嵯耶观音属于佛教密宗的神，而且是南诏、大理国密宗佛教独有的神。

古印度原有的观音本是男人，传入中原后由于诸多原因，老百姓把观音女性化了，而唯独大理的观音延续了男身观音向女身观音过渡的特点，具有极高的历史文化价值，被国际学术界称为"云南福星"。

1	2
3	4

阿嵯耶观音圣像
小岛正面全景
内部建筑布置格局
鸟瞰洱海

　　建筑立面以大理"南诏文化"及"本主"文化贯穿始终，与山水形成和谐的韵律。借鉴唐吐鲁番时期传统行宫的做法，夯土为台，主楼五层，副楼二层，立面造型高低错落，出挑和退台相结合，配以烽火台、剑窗、斜墙造型，使建筑彰显出皇家城堡的独特与庄严。

　　行宫汉式的大屋顶造型，突出了南诏文化与中原建筑文化的相互交流。白色外墙和厚重的收放墙脚、"四合五天井"的建筑布局，体现了古朴深沉的民族风情，具有现代地域建筑文化特色。

1	2

云天下的本主文化艺术广场
行宫全景

大理张家花园

项目名称 大理张家花园
提供单位 大理州建设局
占地面积 8亩
建筑面积 4700平方米
建成时间 2008年
工程地点 大理市

　　张家花园以"四合五天井"的"鹿鹤同春院"为中心枢纽，用走马转阁楼采用三纵三横的形式将"瑞接三坊院"、"四洋红院"、"四合惠风院"、"彩云南院"、"海棠春院"五个三坊三照壁合院巧妙地连为一体。以大理苍山之瑞景"苍山霁雪"而得名的"霁雪园"，紧接"六合同春院"之后，为张家花园的后花园。

1	2

全景鸟瞰图
入口门楼

大理张家花园

2008年建成的大理"张家花园"是21世纪白族建筑艺术的一次飞跃。整个建筑群由五个"三坊一照壁"、一个"四合五天井"组成，用"走马转阁楼"的方式连为一体，实现了白族人梦想中的"六合同春"（鹿鹤同春）布局，是当今白族建筑史上的一个新的里程碑。

整个建筑群由160间房间，24处大小庭院、16道门楼和一个后花园组成，精雕细做的合院将白族人民的文化艺术、审美意识融入其中，展出了大理白族美轮美奂的建筑艺术特色。

张家花园传承大理白族民居的建筑历史，把白族民居同私家花园、居住与园林相结合，体现大理风花雪月大花园中的园中之园，表现以园林建筑为切入点的白族民居园与居地交溶、心灵与自然地嵌合。"天人合一"是大理白族建筑文化传承与历史发展的必然结合，"六合同春"建筑圆了白族榆商马蹄下的百年讫盼与梦想，大型白族民居"六合同春"是大理人民的风花雪月之梦，是白族人民对民居的感性、理性、悟性的认识和灵性生活的结果。

六合同方亭

雾雪园以曲折回环的水面为主体，在不大的四方空间里融入了无限的山水情趣，传统风格的亭台楼阁让人体味着江南园林的精美，林木葱郁的回廊曲径和婀娜的茶花，使人们沐浴着大理风、花、雪、月的美景。

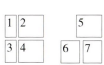

"四合五天井"走马转角楼
走马转角楼细部
建筑细部
建筑细部
西洋式"三坊一照壁"之西洋红院
琼楼中的"三坊一照壁"
"彩云南现"南诏遗风

照壁体现着白族民居建筑艺术的文化内涵，发挥着庭院内部的采光功能，彰显着人们的文化涵养和精神追求。

位于"瑞接三坊"院内的照壁是整个院落采风的反射墙，白色为基调的墙面把明媚的阳光、祥和的紫气、苍山的瑞雪投射到西、北厢房，使整个院子溢满吉祥的瑞色。

　　"张家花园"的"六合同春"（鹿鹤
同春）院中牌坊上的金鱼和海螺的雕刻，源
自洱海地区白族人民的图腾，为吉祥幸福的
象征。

1	2	鹿鹤同春院
		建筑屋顶细部
	3	张家花园正门入口

张家花园的建筑定位，成功地再现了南诏大理国白族民居的建筑遗风，"西洋红"院内的建筑包容了西洋式"三坊一照壁"理性的发掘。"三道茶"的表演建筑"海棠春院"后花园，溶入精典苏州园林的儒雅文化思想，实现了"园林化白族民居"的现代居住理念，为建设山水园林白族民居、风花雪月文化魅力大理，做了文化与建筑的历史定位。

1	2	3	4
5

建筑屋顶细部
建筑外墙纹饰

大理红龙井旅游文化中心

项目名称 大理红龙井旅游文化中心
设计单位 云南省建筑设计院&北京中
外建工程设计与顾问公司
用地面积 约2.5万平方米
容 积 率 0.79
设计时间 2004年
竣工时间 2006年
工程地点 大理市

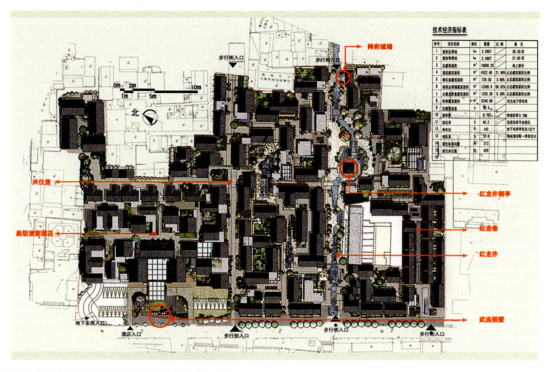

该项目地处大理古城中心地段，西临博爱路，东接复兴路，有着悠久历史文化及迷人传说的红龙井就位于项目用地内。用地中有建于明代的武庙照壁、帅府、古老城墙等遗迹，地点闹中带静、交通便利、环境优美、自然及人文景观丰富，利于发展文化性旅游酒店及街区，项目从三个方面对古城的保护和更新做出新的探索。

总平面图
景观节点1

对大理古城城市肌理的复原

建设中采用适应、复原古城城市肌理的原则，在充分了解大理古城原有脉络的基础上，尊重古城发展中原有的自然格局和纹理，将新的功能融入其中，将建筑的体量和比例适度调整，以更好的尺度适应新功能的需要，同时在新的建筑群落中保持和原有古城中保护较好的民居纹理相协调。

新移民与原住民生活形态地重构

为使原住民对地域中的记忆得以延续，对原住民生活空间予以充分保留，新建筑群体具有更强的容纳性，也提供了更多居住和生活的选择，并提供适应新移民的具有大理特色和现代生活气息的空间。在不同类型空间相交织的建筑群落中，运用街坊、巷道、小广场、庭院等，创造出与休闲度假、商业中心、街坊和特色民居院落、庭院式星级酒店相交融的社区交流场所，提供原住民和新移民充分交流对话的平台。

红龙井旅游文化中心街景
红龙井旅游文化中心一隅

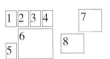

街道与建筑的关系
（1-6）
建筑实景
建筑二层实景

传统空间格局地再生

借鉴当地典型院落"三坊一照壁"、"四合五天井"、"前店后院"的传统空间形态，将建筑化整为零，使尺度符合传统院落特点。项目中的单体建筑以不同的围合方式，形成院落，各个分区间既有联系，又各具特色。庭院式酒店区以大小不同、形式各异的院落围绕大堂以连廊相连布局，形成亲切宜人的特色民居式酒店。

提炼传统白族民居的宜人生活空间，运用和发扬白族传统四合院形式，在传统民居格局的基础上提炼出符合当代审美观的建筑形式，营造一个具有大理古城特色的旅游文化中心。

对地方建筑文化脉络地继承和发展

　　立足于苍山洱海间的大理古城自古以来，形成了具有地方特色的建筑形态和文化。通过对传统民居建筑地理解和熟悉，通过对具有优良传统的建筑技术及工艺地运用，将新的建筑和历史的脉络连接，形成连续的历史片断。

　　审慎的将玻璃、钢结构、混凝土结构和传统建筑相结合，通过玻璃的透明和虚化，运用现代的建筑方式对传统建筑表达出退让和敬意。传统的建筑手法所不能达到的效果，通过新的建筑语言，起到了交相融会的效果，将传统的符号通过适当地提炼，在建筑的细部中加以体现，运用到大理红龙井旅游文化中心，使文化的痕迹得以加深。

1	2	5
	3	
4	6	7

街景
建筑门面及内部
休憩廊亭实景
古办的连廊
红龙井旅游文化中心景观节点实景
红龙井旅游文化中心建筑外立面实景
红龙井旅游文化中心建筑外立面实景

1 3
2

中心景观细部
现代与传统的融合
建筑绿化的相互衬托

大理州博物馆

项目名称　大理州博物馆
设计单位　云南省建筑设计院
占地面积　50亩
建筑面积　8800平方米
建成时间　1986年
工程地点　大理市

博物馆全景

　　大理州博物馆占地面积50亩，该馆总面积8800平方米。博物馆采用分散的庭院式布局，展厅沿主轴线围绕中央庭院借鉴大理民居的"三坊一照壁"的布局。建筑采用了对称形式，中轴线上的大门、石拱桥、展厅、照壁和中心展厅等，以楼台殿宇的格局、宏伟壮观的气势与各院之间以长廊相连。建筑材料和装饰手法基本按白族民间传统工艺来要求，突出了浓郁的地方民族风格。整个建筑群浑然一体，与四周苍松翠柏、绿叶红英交相辉映，本身就是一座庞大的白族建筑艺术景观。

博物馆共有12个展厅，其中8个为长期陈列展厅，它们分别为"青铜器文物陈列"、"南诏大理国文物陈列"、"南诏大理国石雕艺术陈列"、"南诏大理国绘画艺术文物陈列"、"陶瓷器陈列"、"大理石精品陈列"、"大理近现代革命史迹陈列"、"白族民俗陈列"等，每个展厅用连廊相连。

博物馆主楼
博物馆正门入口实景
博物馆大理白族建筑照壁（3、4）

大理州博物馆是南诏大理国时期的历史文物展示中心，是以青铜、陶瓷和石刻艺术为主体，以白族民族民俗为特色的地方性综合博物馆；是大理白族自治州从事文物调查、发掘、征集、收藏、展示、研究的中心机构。馆藏已初具规模，共拥有历史文物、民族文物、革命文物及其它资料和大理石精品等藏品7000余件，其中不少为本馆独具的稀世珍品，如战国时期的大理铜鼓、编钟、铸石范、马纹图案铜斧，西汉至晋代的水田模型、陶屋、陶人、陶马以及各种铭器，南诏大理国时期的阿嵯耶观音、弥勒、天王力士等不同质地的佛教造像以及金刚降魔杵、塔模、大理国写本经卷，元明瓷器以及大理石天然画精品"孔雀开屏"、"美猴出世"等等。

2	博物馆园区走廊
1	博物馆主楼背面

照壁、山墙是大理传统建筑代表性的外形特征，鞍形及人字为山墙的主要形式，墙面分为上中下三段，多以青、白、灰搭配组合，整体色彩清雅、朴素。在博物馆的建筑中充分体现了以现代技术呈现传统建筑艺术的特色。

曲靖会堂

项目名称	曲靖会堂
设计单位	云南省建筑设计院&杭州市建筑设计研究院
占地面积	1.741公顷
建筑面积	23347平方米
设计时间	2004年
竣工时间	2006年
建筑高度	25米
工程地点	曲靖市

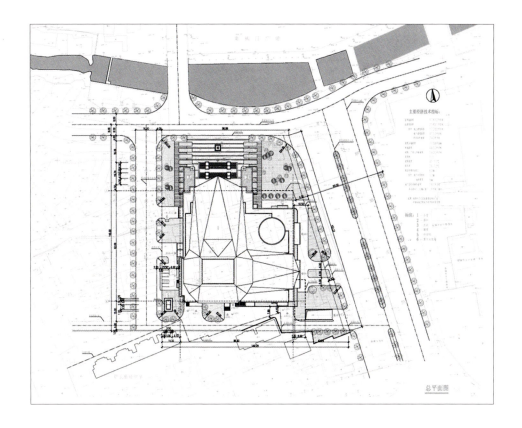

1
2

会堂总平面
会堂东北面实景

曲靖会堂（现名珠江源大剧院）位于曲靖市南城门广场西南角。东临城市主干道麒麟南路，北临河滨路隔南门河与南城门广场相望，是集会议、演出、商贸为一体的综合性建筑。

曲靖会堂采用了下实上虚的造型手法，形成基座、墙体、坡屋面的竖向三段式。一层基座采用石材干挂，二、三层墙体为玻璃幕墙和铝板精致线条，铝合金坡屋面板，具有典型的现代风格和时代气息。

建筑体型采用加法构成方式，整个建筑错落有致，形态生动。屋面造型源自于传统屋面的变形，采用现代结构形式，呈现了飞逸洒脱、穿梭重叠的华盖造型，既体现了传统建筑的神韵，又彰显了现代建筑的轻盈飘逸。

1	2	4
3	5 6 7	

会堂建筑细部（1、2、3）
会堂侧立面实景
会堂内部实景（5、6、7）

曲靖会堂最主要的使用空间是多功能剧场部分，按照中型甲级剧场标准进行设计。观众厅池座和楼座共计1194个坐席。各种设施设备配套齐全，满足大型会议、大型演出、电影放映等多种功能，是目前云南省内级别最高、功能最全的剧场建筑之一。

曲靖会堂建筑造型设计庄重大方、地标性强，体现了传统与现代的完美结合，与城市环境融为一体，大量使用了新型建筑材料和技术。

1

2

会堂正立面实景
会堂侧面实景

曲靖市珠江源古镇

项目名称 珠江源古镇
设计单位 云南省曲靖市规划
设计院
占地面积 159.31亩
建筑面积 11.81万平方米
设计时间 2006年6月
竣工时间 2008年2月
工程地点 曲靖市珠江源大道

　　珠江源古镇建筑群错落有致、别具一格，立面讲究色调的明快和对比的鲜明，屋面为青瓦，墙面为白墙，瓦、墙之间的楹、梁，则施以古朴的紫漆，道、巷的墙壁一律为白色，无任何阴暗感；门、窗采用传统木雕工艺，由剑川木雕艺人承担雕刻，图案精美，背面则装有玻璃；房前均设置明沟，入户过桥，沟渠四周围以石栏，通过人工和自然调配，可保证一年四季流水潺潺，有一种临水而居的诗意；两坊间所有的道、巷，均以青石板铺筑，坊、栏等立面石材上，雕刻有传统意义的图案。进入古镇，行走在青石板道路上，就像走进曲径通幽、景中有景、景移影换的庭院深邃、古色古香的过去与未来。珠江源古镇，已经成为城市建设的样板之一，优良的人居环境，自然成为生活和经营者、旅游者、休闲娱乐者高尚雅致的乐园。

玉溪小庙街

项目名称 玉溪小庙街
设计单位 云南泛亚工程设计院
占地面积 70余亩
建筑面积 5.3万平方米
建设时间 2007年
工程地点 玉溪市

玉溪小庙街地处玉溪城市传统文化商业核心区，其北面为文庙公园，其它三边临城市道路，是一个集文庙恢复保护、旧城改造于一体的综合项目。

总体布局以"三纵三横一核心"的棋盘式布局再现了传统的街巷肌理。沿主轴线在用地中部布置的文化广场和戏台，展示了"花灯之乡"的本土文化特色。

总平面图

玉溪小庙街商业街
滇中古韵窗口
名城街区绝遗
两并文化缩影
商贾居民乐土
二零零二年春

平面布局中充分传承传统合院建筑内涵，将传统的小四合院演变为大合院，形成个体自由而整体有序的院落肌理。

建筑组合中挖掘一些城市的文化特色，采用小合院围合大合院的组合方式，强调传统生活及经营理念的延续，发展了"内居外商"的传统空间模式和"下铺上宅"的经营模式，传承了地域文化内涵。

鸟瞰图
大成门的细部
文庙中的大成门
连廊（一）
连廊（二）

在旧城改造中注重历史文脉的延续，并留下市民的情感与城市的历史痕迹，对代表老城文化积淀与人文情怀的文庙部分古建筑予以保护并恢复，赋予这些景观以新的功能，注入新的活力。

文化广场和步行街的布局中结合建筑的进退穿插，创作反映地方特色的主题雕塑，如卖烟筒烟丝的老汉（云烟之乡）、看戏（花灯之乡）等，为街区注入了更多的地域文化内涵。

1	2	5
3		
4		

大成门的飞檐
文庙中的古榕树
文庙大成殿
大成门前的孔子塑像
小庙街建筑群

　　建筑风格吸取传统民居精华，采用重点突出、上下有别、继承复新的手法，用现代建筑的处理手法，渲绎了传统风貌。

保山市腾冲云峰山道观

项目名称 保山市腾冲云
峰山道观
提供单位 保山市建设局
建设时间 明朝万历年间
地　　点 保山市腾冲县
瑞滇乡

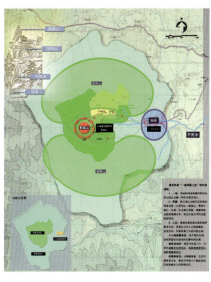

1	云峰山远景
2	3	云峰山总平面图
		云峰山分区图

云峰山道观位于腾冲县西北云峰山上，始建于明朝万历年间，曾多次毁于兵燹后又复建，因历史悠久成为滇西道教名山。该山道观大多建在山顶的岩石之上，飞檐凌空，独具特色，享有"空中仙都"之美称。山中悬崖峭壁间的"云梯三折"，被誉为腾冲十二景观之首。1983年，云峰山道观被列为市级重点文物保护单位。

云峰山道观近景
云峰山道观远景
云峰山上的道观

　　道观为木结构建筑，不同功能的建筑物依地势自成"合院"，顺山形 峰势座落，凿岩石千余级为道，蜿蜒三折于山脊危崖间而连接构通，故称为"云梯三折"，是腾冲著名的风景区。位于半山腰的接引殿与沿"云梯"而上依次分布的灵官殿（魁星阁）、吕祖殿以及山巅危崖上的斗母阁、观音殿、玉皇阁、三清殿构成叠山组景，其布局手法充分表达巧妙利用自然的智慧，整体建筑彰显了"道法自然"的文化精神。

1	2	3	4
			5

道观屋顶
道观远景
山腰上的灵官殿
灵官殿入口
斗姆阁内院

斗姆阁内院
殿内藻井
吕祖殿
道观局部
中的照壁
三重飞檐
山顶上的道观

保山市博物馆、图书馆、文化馆

项目名称	保山市博物馆、图书馆、文化馆
提供单位	保山市建设局
建筑面积	1.2万平方米
设计时间	1997年
竣工时间	1999年
工程地点	保山市

保山"三馆"位于保山市区南端，由博物馆、图书馆、文化馆和永昌文化园组成，是保山中心城市内标志性的公益文化设施。"三馆"建筑风格独特、依次排开，形成一个"品"字形的建筑群落。

博物馆建筑造型仿中国古代云南铜鼓造型，外立面以反映保山历史文化为题材的"九龙传说"、"永昌象耕"、"强渡怒江"等大型浮雕为装饰。整座建筑通高19.6米，最大直径56.6米，馆内分上下两层，中间部分为圆形大厅，上有网架玻璃顶，建筑内部空间明亮大气。

保山市博物馆入口
保山市博物馆远景
保山市文化馆远景
保山市文化馆外立面

1	3	5
2	4	6

保山市博物馆入口
保山市博物馆远景（2、3）
保山市文化馆远景（4、5）
保山市文化馆外立面

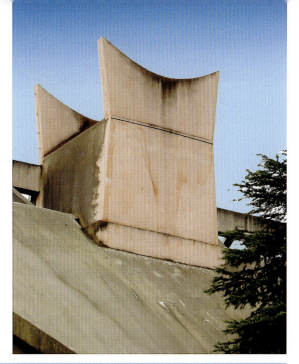

　　东西两侧的文化馆和图书馆则采用了云南少数民族干栏式、汉代古典式和现代开放园林式相结合的建筑风格。"三馆"后广场上还建有围棋造型的音乐喷泉，一座"哀牢归汉"雕像和花坛、绿地、水池。整个"三馆"广场极富历史感，又兼具了文化色彩和艺术魅力，而且这种把文化设施集中建设的模式既节省了投资，又形成了规模，还突出了特色。

腾冲官房温泉花园酒店

项目名称 腾冲官房温泉花园酒店
设计单位 昆明官房建筑设计有限公司
占地面积 3.1万平方米
建筑面积 28960平方米
竣工时间 2005年
工程地点 云南省腾冲县

腾冲官房温泉花园酒店位于腾冲县腾越路西侧,酒店采用合院式园林布局,蜿蜒曲折的水系环抱着别墅式的酒店,人车分流的路网收放自如、松弛有度,营造了一个既方便快捷,又宁静安逸的休闲旅游度假环境。

总平面图

花园酒店技术经济指标

净用地:62785M²
总建筑面积:28960M²
其中 步行街部分:6700M²
酒店综合楼:22260M²
建筑密度:21%
容积率:0.46
绿化率:45%

昆明官房建筑设计公司
kun ming guan fang jian zhu she ji gong si

1 | 3
2 |

酒店正门入口
总平面图
酒店入口夜景

　　腾冲官房温泉花园酒店为五星级产权式酒店，酒店依据当地区域人文、城市特性、地块素质、旅游文化等进行布局。吸纳了当地热海文化和和顺侨乡文化，配以当地建材的运用，强调自然、健康、生态的空间布局以及绿化资源的共享，创造了独特的视觉景观和建筑风格，推动了当地建筑文化的发展，也带动了当地旅游酒店文化。建成后的酒店成为当地一大建筑亮点，深受各界人士喜爱。

　　有"南方丝绸之路"要冲之称的腾冲，自古就有汉、回、傣、阿昌等23个民族孕育的悠久民族文化和历史文化，酒店建筑除在秉承"延续历史，尊重文化"的构思下，还穿插体现了当地民族文化，如腾冲和顺侨乡文化和当地的旅游文化。面对这古老、开放的腾冲，运用新的建筑语言、新的造型符号，呈现切合时代大背景且具有浓郁地方特色建筑群落的重生。

酒店内部景观
酒店建筑布局
酒店内部景观
酒店建筑平面图

一层平面图

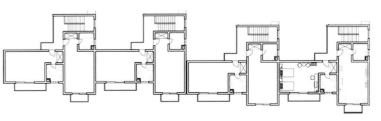

二层平面图

酒店别墅区
酒店建筑立面图
酒店内部景观（3、4、5）
酒店别墅内景（6、7）

　　酒店建筑按传统建筑的空间组织进行还原和重建，充分尊重传统建筑的细部、构件、材料、色彩和尺度构成，结合度假别墅特征的要求加以改造和创新，使之具有浓郁的地方特征和典型的场所精神，符合当地文化的特点。

　　酒店在充分尊重文化的前提下，结合度假旅游别墅的特点，加入了现代感很强的造型语言，使街区环境具有典型的腾冲印象，同时又适应现代社会的审美情趣，使传统建筑形象焕发新的活力。

　　酒店入口采用了具有后工业时代的新材料、新工艺与传统建筑形式形成了鲜明的对比，通过对传统符号的提炼运用，达到了历史与现代的对话交融。

保山市腾冲翡翠古镇

项目名称	保山市腾冲翡翠古镇
设计单位	云南省城乡规划设计研究院
用地面积	10.77万平方米
建筑面积	10.5万平方米
竣工时间	2007年
工程地点	保山市

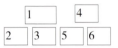

总平面图
翡翠古镇临河实景
翡翠古镇建筑布局
翡翠古镇商业街
翡翠古镇牌坊
翡翠阁

腾冲翡翠古镇位于腾冲县腾越路旁，毗邻玉泉夜月公园，是一个以彰显翡翠文化为主，集商业、居住、休闲度假为一体的旅游地产项目。

总平面布局充分吸取了腾冲和顺古镇的文化内涵，整个古镇从腾越路上的主入口"琥珀牌坊"徐徐展开了一幅现代版的《清明上河图》。

走进"琥珀牌坊"后，沿南北主轴上依次布置着收放有序、尺度宜人的商业街，商业街的端头为古镇的核心建筑"翡翠阁"；沿东西轴线布置着错落有致的商业街形成相互连通的街坊，再现了传统街市商楼的繁荣。

古镇中居住区与商业区用内部道路自然分离，保证了居住区相对独立和安静的环境。建筑布局张弛有度，将小桥流水、浓荫绿树引入其中，营造了古镇曲水徜徉于齐脊飞檐之间，绿树飞花飘荡于灰瓦白墙之外的美景。

古镇体现了腾冲当地的文化特色和翡翠古镇的文化寓意，以翡翠文化中的"琥珀牌坊、玉石桥"做为设计灵感，翡翠古镇采用了明、清时代的仿古建筑形式，以商铺加住宅的形式推出，其间小桥流水、雕梁画栋，兼具滇越风情、传统文化和现代艺术魅力，让人们流连忘返，从而凝聚人气。

翡翠古镇景观点
翡翠古镇街景
翡翠古镇街景
翡翠古镇水景
翡翠古镇街景
翡翠古镇古建

项目建设以打造精品旅游地产为目标，融入现代人文理念，充分整合地块优势，设计布局不同的功能区域，利用废弃的河道和滩涂地营造水景，创造"灵气"，以绿化、水体贯通，传统园林小品牌坊、华表、影壁、雕塑、亭榭点缀其间。

走进腾冲翡翠古镇，一幅现代版《清明上河图》徐徐展开。

1	3	翡翠古镇建筑细部
1	2	翡翠古镇建筑细部
		翡翠古镇建筑细部

昭通市威信—扎西会议会址

项目名称 昭通市威信扎西会议会址
提供单位 昭通市建设局
占地面积 4868平方米
始建时间 1856年
地　　点 昭通市威信县扎西镇

1
2

扎西会议会址
会址远看

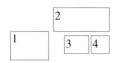

禹王宫内部
会议会址正立面
禹王宫内部
禹王宫屋面

位于云南历史文化名城威信县扎西镇东北角的扎西会址，原为江西会馆和湖广会馆馆址，总占地面积4686平方米。江西会馆建于清咸丰六年(公元1856年)，为当地常见的穿斗式木结构建筑，古色古香、典雅庄重，面积514平方米。1962年被拆除，1976年在原址上按原样重建，并建立"扎西革命纪念馆"，1983年公布为云南省省级文物保护单位。湖广会馆又称禹王宫，始建于清光绪四年(公元1878年)，为四合院木棚，面积336平方米。

扎西会议纪念馆座落在素有"鸡鸣三省"之称的滇东北威信县城扎西镇，是为纪念1935年2月中央政治局在扎西镇等地召开的会议而建立的。1976年12月筹建，1977年12月落成并对外开放。1983年1月，扎西会议会址被云南省人民政府批准公布为第二批省级重点文物保护单位。1985年2月，胡耀邦同志为扎西会议纪念馆亲笔题写了"扎西会议会址"几个大字。

　　扎西会议陈列馆依山而建，为具有川西风格的穿斗式木结构瓦屋面建筑，古色古香、典雅庄重。陈列馆分上下两层设四个展厅，馆内藏有红军留下的文献资料、枪支弹药、医疗器械、生活用品等珍贵文物300余件。

　　会址建筑从整体布局和立面造型上体现了川西民居的建筑风格特色。整体布局以庭院式为基本组合单元，依山就势开敞自由、灵活多变。院内屋后常有通风天井，形成良好的"穿堂风"，并用檐廊或柱廊来联系各个房间，灵巧地组成街坊。

　　川西民居建筑多为穿斗式木结构，斜坡瓦顶、薄封檐，开敞通透，轻巧自如。建筑色彩朴素淡雅，粉墙青瓦，梁柱多为茶褐色，门窗多为棕色。

1	3
2	4

禹王宫右侧面局部
会址后立面
禹王宫内挑台
禹王宫街景

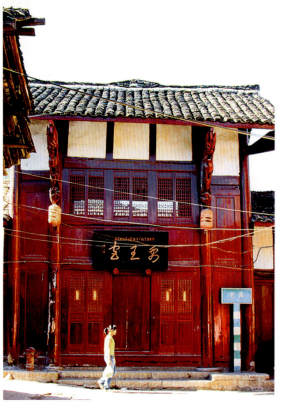

昭通市鲁甸拖姑清真寺

项目名称 昭通市鲁甸拖姑清真寺
提供单位 云南省城乡规划设计研究院
占地面积 4000平方米
建设时间 1730年
地　　点 昭通市·鲁甸县·桃源乡

1

2

拖姑清真寺远景
拖姑清真寺全景

　　拖姑清真寺位于昭通市鲁甸县城东部约10公里的桃源回族乡拖姑村。始建于雍正八年（1730年），寺四周良田环绕，河堤蜿蜒，树木成荫，田外山丘环抱，环境幽静。

　　全寺占地4000平方米，整个布局为典型的中国式庭院建筑，由正殿、唤醒楼、无倦堂、后殿、厢房、水房、照壁等建筑物构成，共有殿阁亭屋30多间，庭院4处。拖姑清真寺以构筑精巧、历史悠久著称全滇。

正殿为全寺的主题建筑，建筑为两重檐歇山式结构，高约13米、长约18米、宽约15米，由36根圆柱支撑。殿宇庄严雄伟、雕梁画栋，殿堂中央有一横匾，上书"快乐天堂"。

两根特大"抬担"横架在殿堂的上方，成"凸"字形，以横木连接四边木柱，把整个殿堂各部紧紧拉连一体，结构奇特巧妙，"凸"字形的"臂膀"两旁，立有两根约2米高的石柱，传说是"天使"倒竖而居。大殿可供几百人同时做礼拜。

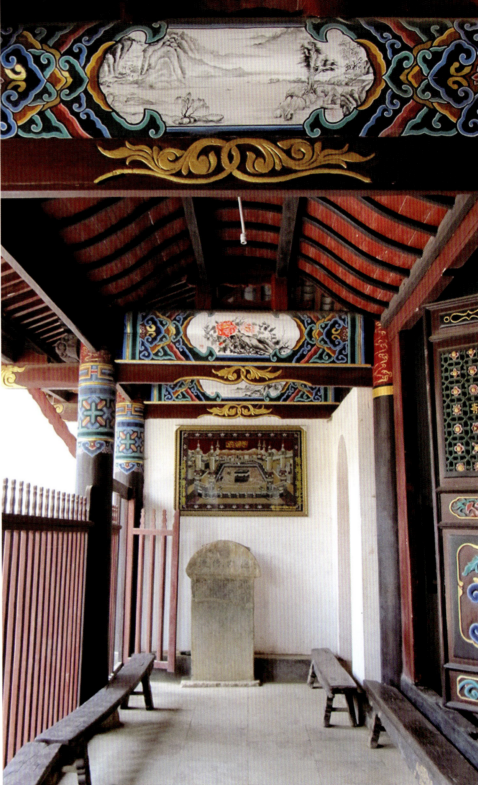

1 3 4 5

2 6
7

清真寺合院
星月宝顶
清真寺前廊
唤醒楼
唤醒楼局部1
唤醒楼局部2
唤醒楼局部3

唤醒楼，即呼唤快来礼拜之意，是全寺最为引人瞩目的建筑。楼高25米，有5层，由45根圆柱支撑起层层叠叠的楼宇，与大殿交相辉映。从外面看整座楼好像全由木料叠积而成，毫无浮躁钉楔痕迹，一根根大圆木柱直立其中，挑起层层梁橼，恍如柱柱到顶，其实不然。楼内分五层，木柱层层递减，一、二层各二十八根，三、四各十根，五层为六根。这些圆柱和横梁交错连接，构成下矩形上六方形的骨架，支撑着主亭的三层筒瓦翘檐。令人叫绝的是，整座楼的建筑竟然没有用一根铁钉连接，显示了高超的建筑技巧。

　　在唤醒楼二层背面，面对大殿一侧的檐下，悬挂着一块巨匾，上有"普慈万有"四个行草大字，系清乾隆十一年（公元1746年）昭通府总兵世袭骑都尉冶大雄书赠。

　　寺内对联："层图重辉　华树赠益"，生动地概括了清真寺的实貌和建筑特色。

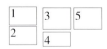

唤醒楼局部
唤醒楼局部
拖姑清真寺内院
拖姑清真寺入口
拖姑清真寺内院

拖姑清真寺

穿过唤醒楼中间为一合院，两旁为二层高的厢房。南厢房为藏径室、哈里发宿舍，北厢房为掌教·阿訇居住。院子面积约400平方米，植有四株柏树，青得葱茏。

整个清真寺由前门楼阁、南北厢房、中间大殿、后院塔房组成，布局为典型的中国式庭院建筑，建筑风格自成一家。建筑内部的彩画、花坊、宝顶、藻井均以伊斯兰文化的内涵为题材，星月宝顶突出了清真寺建筑的特点。

昭通市大关县福利院

项目名称 昭通市大关县福利院
设计单位 昭通市建筑设计院
占地面积 3401.7平方米
竣工时间 2009年
地　　点 昭通市大关县

　　大关福利院位于县城东部，依山而建，与周边环境有机相融。建筑呈"凹"字形布局，功能分区明确，动静分离，较好的满足了现代福利院的功能需求。

　　建筑风格吸纳了川西民居穿斗式建筑特点，在建筑的山墙面、门窗套、屋顶等方面采用外露构件仿穿斗式构架的手法，使建筑具有"三川半"建筑文化的特色。

正立面图

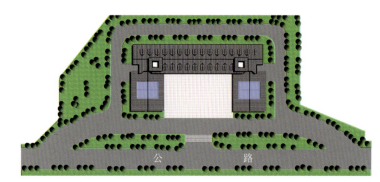

总平面图

背立面图

一层平面图　　　　　　　　二层平面图　　　　　　　　三层平面图

主楼为老人公寓，左耳房（左副楼）为餐厅，右耳房（右副楼）为物资库，布局合理。左右副楼顶层为屋顶花园，可遮风蔽雨的屋顶花园能为老人提供一个活动空间。建筑造型朴素，外露梁柱体现了穿斗式建筑特点。

昭通市盐津豆沙古镇

项目名称 昭通市盐津豆沙古镇
提供单位 昭通市建设局
修复时间 2006年
工程地点 昭通市盐津县

豆沙镇位于盐津县西南部，境内山恋起伏，山高坡陡，河谷纵横，因关河的深切，形成南北向的条状侵蚀山地，多呈"V"字地形。自秦开五尺道以来，豆沙关就是南方丝绸之路的要冲，素有"咽喉巴蜀、锁钥南滇"之称，是历史文化镇。

近年盐津县境内连续发生了三次破坏性地震，豆沙古镇不幸处于三次地震的震中，遭受了近乎毁灭性的重创。秉承"修旧如旧、还以其真"的思路，对古镇进行了恢复重建。

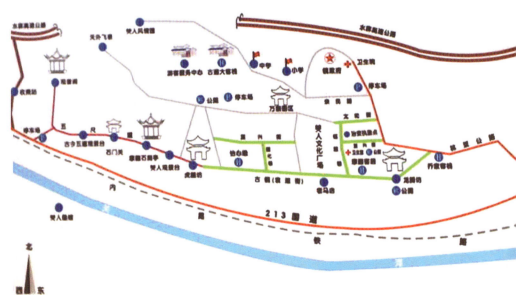

从整个布局来讲，豆沙古镇依山就势，镇内民居多为三至四层建筑，建筑布局错落有致，保留完好的全木结构的老民居和粉墙灰瓦砖木结构的新民居毗邻相接，体现了现代建筑与传统风格自然融合的特点。古镇新民居、老民居、其他建筑相统一融合的风格，体现古镇居民勤劳、朴素、严谨的传统，表现古镇通道历史文化的魅力。

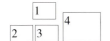

豆沙古镇建筑布局
豆沙古镇牌坊
古镇布局示意图
古镇总平面图

1	2	5		7
3	4		6	

古镇新民居
古镇建筑布局
古镇广场
古镇建筑鸟瞰
古镇街景
古镇街景
古镇街景

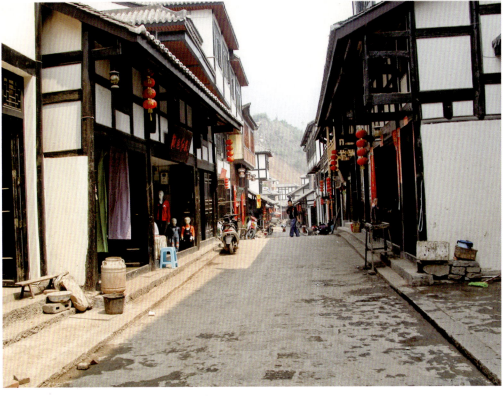

1 2
3

古镇街景
古镇街景
古镇建筑细部

豆沙古镇民居建设按照统一设计、统一建造的方式进行。屋顶全部采用小青瓦，表现出这个历史古镇的传统特色。正立面设计阳台、小青瓦坡檐搭门，更显其浓厚的川西民居特色；在门窗上采用木结构花纹，显现民居的传统特点；室内根据古镇居民生活习性，临街为大厅，顾及居民开设铺面的需要，兼顾厨房、卫生间等，从二楼开始为套房格式，主要为客厅带卧室、卫生间，满足居民会客、休息的需要。其三楼设计主要为卧室。

德宏州盈江勐町塔

项目名称 德宏州盈江勐町塔
提供单位 勐连县建设局
重建时间 1955年
工程地点 德宏州盈江县

勐町塔侧视

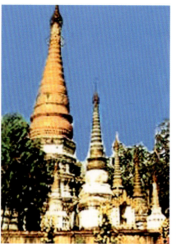

　　勐町塔又名允燕塔，位于盈江县城东约二公里的允燕山，始建于民国三六年（1947年），于1955年恢复重建。基高1.1米，边长4×19.3米，呈方形，由一个主塔（高19.5米）和40个小塔组成一座雄伟壮观的塔群，塔座分三台，高低错落，主次分明，均呈圆锥形体，塔顶为金属罩，悬挂286个铜铃及金属片，最底层28个小塔的佛龛内置有金属佛像。主塔高大雄伟，塔身雕刻莲瓣、力士等饰纹，塔尖敷以金箔，其余涂白石灰。这是将外来佛教文化和傣族传统建筑融为一体的创造性建筑。塔北立有嘎朵（缅语怪兽，汉语麒麟）一对，文革期间被破坏，1928年国家拨款修复。2006年5月25日，允燕塔被国务院批准列入第六批全国重点文物保护单位名单。

德宏州陇川县政府办公大楼

项目名称 德宏州陇川县政府办公大楼
设计单位 云南省城乡规划设计研究院
用地面积 1.18万平方米
建筑面积 6998平方米
建筑高度 28.55米
工程地点 云南省德宏自治州陇川县章
凤镇

1	
2	3

行政大楼全貌
行政大楼正立面
行政大楼厅堂

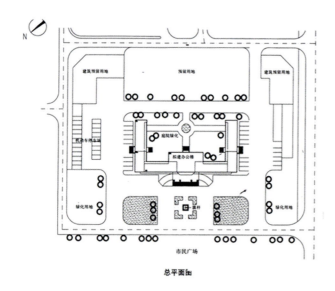

总平面图

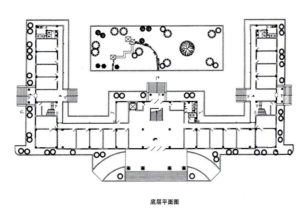

底层平面图

陇川县政府办公楼建于云南省德宏傣族景颇族自治州陇川县章凤镇核心区，是陇川县委、县政府、县人大、县政协的合用办公楼。平面布局借鉴了该地区傣族和景颇族民居中多采用的"凹"字形外廊布置，适应了当地炎热多雨的气候条件。建筑内部的半开敞式庭院，阻挡了外界的喧闹，有利于房间的采光通风。

办公楼的建筑造型延续了地域文化特色，长脊短檐的倒梯形重檐屋顶具有景颇族和傣族建筑特色，竖向条纹及凸出墙面的圆柱挺拔秀丽，与轮廓丰富的屋檐屋面营造了庄严、凝重的政府办公建筑特点。

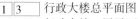

1	3	行政大楼总平面图
2	4	行政大楼一层平面图
		屋顶细部
		行政大楼侧立面

德宏州芒市新机场

项目名称 德宏州芒市新机场
设计单位 上海民航新时代机场设计研究院有限公司
占地面积 2640亩
建筑面积 13000平方米
设计时间 2007年11月10日
竣工时间 2009年2月18日
地　　点 德宏州芒市

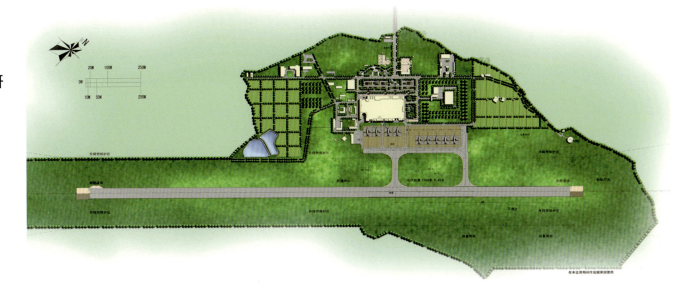

德宏芒市机场新楼围绕芒市——"孔雀之乡"展开以孔雀为母题的独具一格的造型特征，呼应立面造型形成高低错落的曲面屋顶，作为空间的重要组成元素，形成独特的空间系列。

融入环境，突出环境，绿色生态建筑概念结合庭院，强调了环境与建筑精密结合，充分体现该设计丰富的建筑变化及独有的航站楼景观特色。

1
2

机场总平面图
候机厅侧立面

花园般的机场格局、浓郁的民族风情，使芒市新机场成为最具傣族、景颇族风格的"德宏影像"，一座现代化的花园式航站楼已经拔地而起，为迎接四海宾朋和筑巢引凤展开了双臂。

机场鸟瞰
候机厅侧立面
候机厅内部大厅

以孔雀为原形的独具一格的建筑造型特征，结合高低错落的曲面屋顶，形成了空间的重要组成元素，创造了独特的空间系列。德宏芒市机场改造扩建完成之后，对于促进德宏经济又好又快发展和提高地方的综合竞争力将起到积极的促进作用。

<table>
<tr><td>1</td><td></td></tr>
<tr><td>2</td><td>3</td><td>4</td></tr>
</table>

机场候机厅建筑群
候机厅各细部（2、3、4）

德宏州瑞丽市姐告管委会办公楼

项目名称 德宏州瑞丽市姐告管委会办公楼

设计单位 云南省城乡规划设计研究院

用地面积 1564.2平方米

建筑面积 4546平方米

设计时间 2003年

竣工时间 2005年

工程地点 德宏州瑞丽市姐告

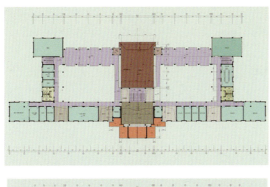

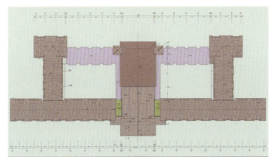

办公楼总平面图
二层平面图
三层平面图
一层平面图

姐告管委会办公大楼位于德宏州瑞丽市国家级开放边境口岸姐告贸易入口处，办公楼前是城市主干道，背靠秀丽的瑞丽江，是树立国门形象的重要建筑之一。

建筑造型融合地域建筑的精华和现代建筑的风格，追求浓厚的亚热带建筑色彩，变形的傣家竹楼坡顶及"三角"符号的重复使用，使简单的体块产生规律的变化和动感。

1	2-4	办公楼实景
	5-7	建筑入口处正面和不同侧面
	8	建筑不同细部
	9	办公楼正立面
		办公楼背立面

云南的史前时期遗迹及青铜时代出土的文物证实着干栏式建筑的发展和演变，由于干栏式建筑在一些方面的优越性和适用性，至今还在被云南一些地方沿用。如何将这样的建筑形式运用在现代建筑中，在德宏瑞丽市姐告管委会办公楼设计中得到了充分地运用和发挥。

干栏式建筑具有特殊丰富的轮廓外形，浓郁的民族特色。深檐重檐、歇山悬山式陡坡屋顶可以防止阳光直射，从而达到遮阴和散热的目的。

长脊短檐式的屋顶以及高出地面的底架，完美地诠释了干栏式建筑的特点，在该办公楼地设计中，将干栏式建筑的特点和现代建筑的功能相融合，再现了干栏式建筑轻盈和飘逸的特征。

1-2

3-6

民族元素与建筑符号的融合
具有浓厚景颇族特色的建筑

德宏州体育运动中心

项目名称 德宏州体育运动中心
设计单位 云南省城乡规划设计研究院
用地面积 234980平方米
建筑面积 14608平方米
设计时间 2004年
竣工时间 2007年
工程地点 德宏州潞西市

1
2

总平面图
体育馆透视图

　　德宏州运动中心由体育馆、体育场、游泳馆、训练场、室外球场组成，是德宏州政府为了举办2008年第五届农民运动会而兴建的体育场馆，是城市的重要文体活动场所之一。整个体育中心的布局沿纵、横两条轴线展开，在东、西轴线上以体育广场和体育馆为中心，两翼布置着体育场、游泳馆、训练场。纵向的地域文化轴与横向的体育文化轴，再现了传统艺术与现代文化地融合。

体育运动中心实景（东向）
体育馆实景（东立面）

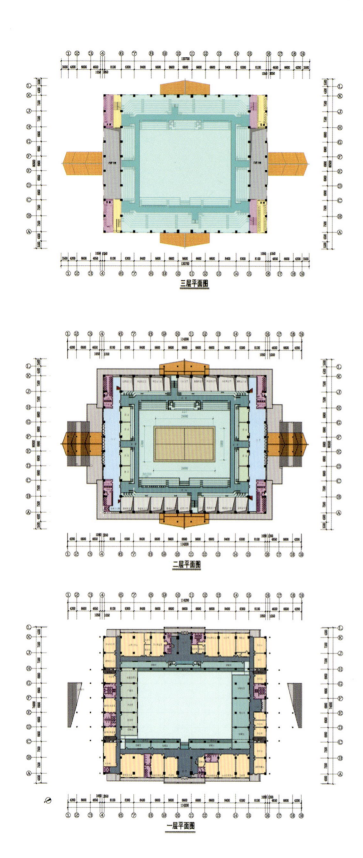

由于当地气候炎热多雨，体育馆在造型上充分吸取了傣族干栏式建筑的特点，建筑通透、秀美，给人一种轻松、安静的感觉。建筑外观上长檐短脊的重檐坡屋顶强化傣族、景颇族传统民居的艺术风格建筑，使体育馆具有浓郁的民族特色，实现现代建筑的本土化；底层柱廊及外挑屋面强调干栏式建筑的轻盈和飘逸，做到了建筑的传统化；具有民族风格的三重檐作为雨棚强化了入口，且很好地解决了避雨遮阳的功能，体现了建筑设计的人性化；在建筑外墙面上采用了象征孔雀尾部羽毛的金色装饰构件以到达强化民族特征的目的，用现代的技术、现代的材料诠释了大型公共建筑——体育馆的力与美，体现了建筑的时代化。

1	2		4
1	1		
1	3		

体育馆平面
体育馆主入口
体育馆北向入口
体育场主入口实景

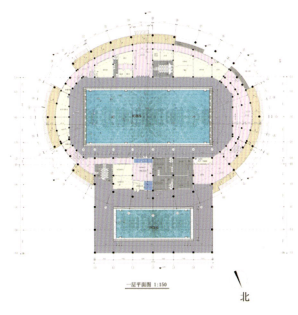

一层平面图 1:150

北

2	5	
3		
1	4	6	7

体育场主入口楼梯间细部
体育场外立面
体育场主入口立面
运动中心喷泉、雕塑
游泳馆外观实景
游泳馆室内实景
游泳馆立面、剖面

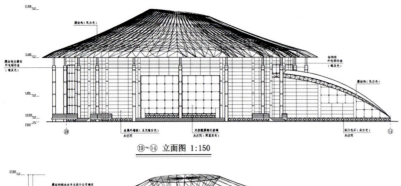

⑲~⑭ 立面图 1:150

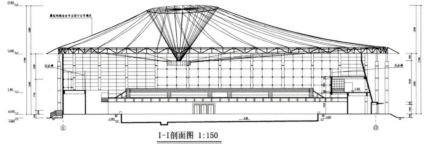

I-I剖面图 1:150

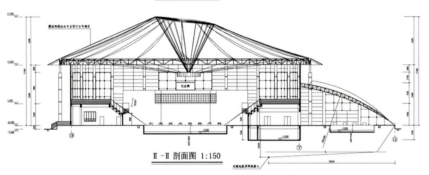

Ⅱ-Ⅱ剖面图 1:150

　　游泳馆形体选用了当地特有的民族服饰——花腰傣的滴水帽，傣家少女的头饰作为设计母题。通过运用意幻设计手法并运用网架结构达到了再显设计意图的立面效果。建筑以杆栏式为主，由于德宏地区多山林及山间小瀑布，因此建筑在外立面上将支撑网架的柱子与主体脱开在形式上取杆栏式建筑的形；训练馆上空为一扶壁网架支撑的 玻璃顶，其神似一个高山上的飞瀑。

　　建筑材料上多运用现代材料玻璃、网架、金属外墙，使得游泳馆即能体现地域性，又体现时代感及当代的新技术。

1	2	旅游馆立剖面图
		游泳馆外观细部
3		游泳馆外观细部

怒江州州级行政中心

项目名称 怒江州州级行政中心
设计单位 云南天怡建筑设计有限公司
建设时间 2008年
工程地点 怒江州

行政中心正门实景

　　怒江州州委政府机关大楼平面整体呈"工"字型对称布置，大楼在正面设置了一个主入口，东、西、南面设置了三个次入口。
　　大楼主入口处的柱廊形成广场与室内联系的空间，与室外空间紧密联系。进入门厅是一个中庭，在中庭内布置了交通和室内景观，室内景观以水体为主，使办公环境更显得宁静。在中庭两侧布置了两个庭院，既有室内空间，又可观赏到室外的景观，保证了良好的自然通风和采光。沿中庭往下是通往辅助用房的入口。

怒江州是一个多民族、多文化的地区。建筑必须体现作为政治中心的标志性与传统性，努力体现六库新城生态旅游城市的形象特点，结合赖茂河、怒江等自然水体，形成高黎贡山——办公组团——怒江间的相互融合，形成依山就势、具有怒江特质的山水城市特色的建筑景观。

<table>
<tr><td>1</td><td></td><td>4</td></tr>
<tr><td>2</td><td>3</td><td></td></tr>
</table>

1　4
2　3

行政中心建筑细部
行政中心建筑细部
行政中心建筑细部
行政中心大厅

州委政府机关大楼平面整体呈"工"字型,对称布置,大楼在正面设置了一个主入口,东、西、南面设置了三个次入口。大楼主入口处的柱廊形成广场与室内联系的空间,与室外空间紧密联系。进入门厅是一个中庭,在中庭内布置了交通和室内景观,室内景观以水体为主,使办公环境更显宁静。在中庭两侧布置了两个庭院,既有室内空间,又可观赏到室外的景观,保证了良好的自然通风和采光。沿中庭往下是通往辅助用房的入口。

办公用房围绕两个庭院布置,以单廊为主。中厅成为上、下、左、右四块功能分区的"联接体",即州委、州政府、州人大、州政协四大班子用房及所属单位用房。在各楼层均设有会议室和卫生设施,交通流线清晰,功能分区合理,各部分既相对独立,又相互联系。

| 1 | 行政中心细部 |
| 2 | 行政中心细部 |

迪庆州维西同乐村

项目名称 迪庆州维西同乐村
提供单位 云南省城乡规划设计研究院
工程地点 迪庆州维西县

　　同乐村位于迪庆州维西县叶枝镇海拔2700米的山区，是"三江并流"的核心腹地。同乐村是傈僳族聚居的古老村寨，全村寨106户，600多人。整个村寨依山呈阶梯状布局，民居为典型的井干式木楞房。

香格里拉松赞林寺

项目名称 香格里拉松赞林寺
提供单位 云南省城乡规划设计研究院
占地面积 500余亩
始建时间 1679年
工程地点 香格里拉县

位于香格里拉以北5公里佛屏山下的松赞林寺，始建于1679年，占地500余亩，是云南省规模最大的藏传佛教寺院，也是康区有名的大寺院之一。松赞林寺又称归化寺。为该寺选址时，达剌喇嘛占卜得神示："林木深幽现清泉，天降金鹜戏其间"，现在的松赞林寺内有清泉淙淙，春夏不溢，秋冬不涸，并常能见一对金鹜出入。扎仓、吉康两大主寺建于最高点，居全寺中央。大寺坐北朝南，为五层藏式雕楼建筑。

寺址全景
局部
细部

松赞林寺的扎仓、吉康两座主殿高高矗立在中央，八大康参、僧舍等建筑簇拥拱卫，高矮错落，层层递进，立体轮廓分明，充分衬托出了主体建筑的高大雄伟。主建筑扎仓，藏语意为僧院，是僧众学习经典、修研教义的地方。建筑坐北朝南，为藏式碉房式楼，木式结构，屋顶饰镀金铜瓦，殿宇屋角饰兽吻飞檐，具有汉式寺庙建筑的特点。扎仓底层大殿有108根楹柱，代表佛家吉祥数，可容1600名僧人打坐并排列着著名的高僧遗体灵塔，内葬金银名贵珠宝。后殿供有宗喀巴、弥勒佛、七世达赖铜佛，高三丈有余，直通上层。

中层有拉康八间，分别为诸神殿、护法殿、堪布室、静室、膳室等。内壁回廊雕饰精美，壁画琳琅满目。中央三面开窗采光，以汉式隔窗组成，均为六层镂空杜鹃木雕成。前楼客厅供贵宾宴会及观赏"羌姆"（面具）舞时使用。顶层正楼设精舍佛堂，供奉五世达赖、七世达赖佛像，以及贝叶经卷、唐卡、传世法器等。

寺院建筑可以说荟萃了藏族宗教文化的精华，建筑金碧辉煌，造型丰富多彩的镀金铜瓦，殿宇宝角兽吻飞檐，扎仓大殿宽敞恢宏，殿中供奉的诸多佛像高大神圣，两侧西厢的壁画雕饰精美琳琅，这里显现着佛法的深固，这里诠释着佛经的丰富内涵，这里是响彻着佛普渡众生的布道，这里是佛光充溢的殿堂。

1		细部
		细部
2	3	细部

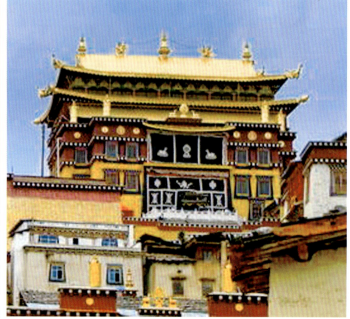

香格里拉图书馆

项目名称　香格里拉图书馆

设计单位　云南省城乡规划设计研究院

用地面积　4686平方米

建筑面积　48.15万平方米

设计时间　2005年

竣工时间　2007年

工程地点　香格里拉县

1

2

图书馆正面实景
总平面图

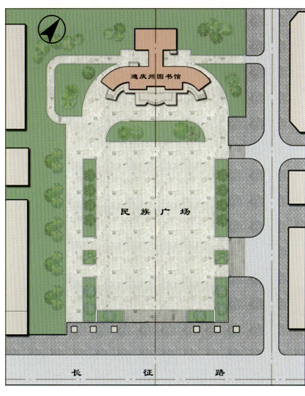

1	2	3
	4	

图书馆侧面
图书馆屋顶细部
图书馆建筑平面
图书馆建筑实景

香格里拉图书馆在凸显迪庆高原藏民族文化的同时表达现代文化建筑与地域民族文化的结合。建筑创作中将藏文化的褒扬贯穿于"地域文化分析、特色和现代文明的融合、建筑空间的创造、生态建筑理念的引入"等全过程，将现代的建筑营造技术与地方民族建筑文化内涵融合起来，营造极富藏民族文化风韵和雪域高原特色的现代图书建筑。

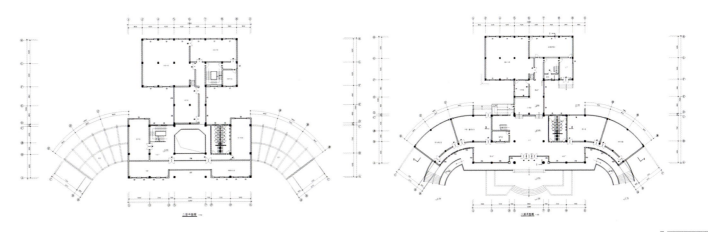

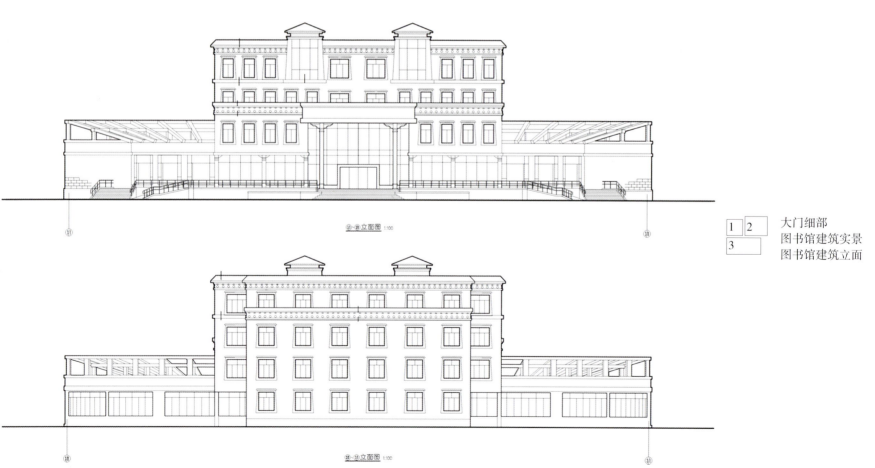

1 2
3

大门细部
图书馆建筑实景
图书馆建筑立面

香格里拉霞给村

项目名称 香格里拉霞给村
提供单位 昆明理工大学绿色乡土建筑研究所
用地面积 500亩
工程地点 香格里拉县

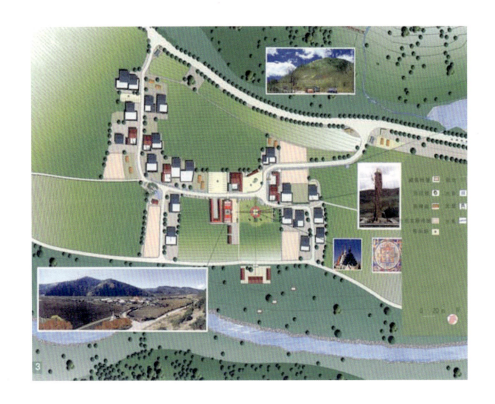

霞给村位于香格里拉县普达错国家森林公园内,周围风景如画,享有"香格里拉藏族文化生态第一村"的美誉。霞给村藏语意为白银石头上的村庄,整个村落占地500亩,有22户人家,是一个融自然景观和人文景观为一体的藏民族自然村落,村内保持典型的藏民居建筑,村口的白塔、寺庙和随处可见的玛尼堆、经幡展示着多姿多彩的藏族文化。

1	3	噶丹·德吉林寺
2		村口纳寺庙和玛尼堆
		总平面

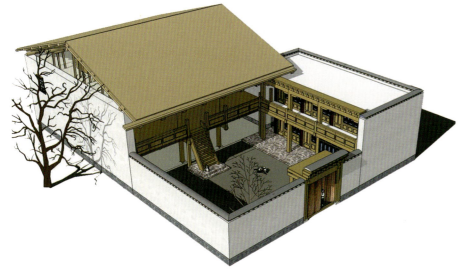

　　村中居民多为"一"和"L"字型平面组合庭院，且多为二、三层楼房。底层为牲畜棚、农具房；二层为堂屋、卧室，堂屋中设有火塘、神龛、水亭，火塘正面墙上绘有"吉祥八宝"彩图，水亭中有水缸，缸上挂有大小不同的铜瓢，铜瓢和水缸的多少、大小是家庭财富的象征；三层设有经堂、卧室，经堂油漆彩画十分华丽。

　　民居多为土木结构，砌石为基，夯土为墙。底部夯土墙厚达1米，向上有明显的收分，外墙大多用当地白土烧白。房屋进深大，窗口呈喇叭口型，内大外小，有较好的保温功能。

1	4
2	
3	

室内实景
室内水亭
室内窗饰
村中民居

结束语

　　《云南艺术特色建筑物集锦》一书力求艺术特色。何以独倡于此，盖因近数十年来，建设之主人仅以满足遮风、避雨、御寒为己任，不太追求建筑形式之美。由于这一时风的旷日持久，人们的审美观也在变异。在满足基本功能的前提下，拼命堆砌高档装饰材料，认为包装精良，就是美观。其实，美观是艺术造成的一种视觉感染力。她与材料之质地并无多大的关系。废弃的垃圾亦能创作出艺术精品来。故此书力求艺术在先的共同美，其寓意也不难看出矣。也许有同仁看了此书会问，尔等编辑的均是些坡屋顶的建筑，其它形式的拒之门外。阁下问得在理，一座建筑最能出彩的，还是第五立面，即屋顶。故坡屋顶类的占了上风。

　　建筑物、构筑物是人类创造的产物，属文化的一个组成部分。艺术也是文化的组成部分，但她是文化的结晶。人类在不同历史时期，在原有文化的基础上，接受新的文化，又演绎出新的文化，人类在不断创造文化。艺术是追寻文脉的天梯，故艺术及其遗存必须拯救、保护并不断创新。也许编辑此书之主旨就在于此矣！

韩先成

2010年3月29日